30 ANOS EM CENA

30 ANOS EM CENA

1966 - 1996

Pesquisa e edição de texto

Regina Machado Leão

CENTRO DE ENERGIA NUCLEAR NA AGRICULTURA

edusp | IMPRENSA OFICIAL

Dados Internacionais de Catalogação na Publicação (CIP)
(Câmara Brasileira do Livro, SP, Brasil)

Trinta anos em CENA / [Regina Machado Leão (org.)]. —
São Paulo : Editora da Universidade de São Paulo, 1997.

Bibliografia.
ISBN 85-314-0419-3

1. Energia nuclear - História 2. Energia nuclear - Pesquisa
3. Universidade de São Paulo. Centro de Energia Nuclear na
Agricultura (Piracicaba) - História I. Leão, Regina Machado.

97-4347 CDD-378.8161

Índices para catálogo sistemático:

1. Centro de Energia Nuclear na Agricultura : Universidade
de São Paulo : História 378.8161

Este livro contou com o apoio da

CNEN - Comissão Nacional de Energia Nuclear

Esso Brasileira de Petróleo e

Pró-Reitoria de Cultura e Extensão da USP

Edusp - Editora da Universidade de São Paulo
Av. Prof. Luciano Gualberto, Travessa J, 374
6° andar - Edifício da Antiga Reitoria - Cidade Universitária
05508-900 - São Paulo - SP - Brasil
Fax (011) 211-6988
Tel. (011) 813-8837 r. 216

Printed in Brazil 1997

Foi feito o depósito legal.

Visitaste a terra,
inebriaste-a e copiosamente a enriqueceste.
O rio de Deus encheu-se de águas;
preparaste o sustento do teu povo,
porque tal é a boa disposição dos campos.

Salmos, 64-10

Sumário

Apresentação

Este livro tem por objetivo apresentar o CENA e sua trajetória, no momento em que comemora 30 anos de existência voltados ao ensino e à pesquisa científica na área de energia nuclear aplicada à agronomia.

O CENA, como um dos institutos especializados da Universidade de São Paulo, instalado em Piracicaba, tem como linha de trabalho o desenvolvimento de pesquisas, a assessoria à comunidade e a formação de mão-de-obra, além de dar apoio às outras unidades de ensino em pesquisas envolvendo energia nuclear, agronomia e meio ambiente.

Ao longo desses 30 anos, o CENA conseguiu evoluir em sua estrutura física, através de parcerias com órgãos de fomento à pesquisa, modernizando e ampliando seus laboratórios, tornando-se competitivo no campo internacional. Nacionalmente, sua posição na comunidade científica já é bastante destacada.

O seu quadro de recursos humanos é composto por profissionais de alto nível, com a preocupação em evoluir em suas carreiras, através da publicação de artigos, resultado de suas pesquisas, em periódicos especializados, nacionais e internacionais. Os programas de ensino buscam a formação e o aprimoramento dos novos profissionais do CENA e de outras instituições.

Congratulamo-nos com o CENA pelos seus 30 anos de sucesso e desejamos que este livro permita ao leitor formar sua própria idéia do futuro promissor dessa grande instituição.

Prof. Dr. Flávio Fava de Moraes
Reitor da Universidade de São Paulo

30 anos em CENA

Com esta publicação pretndemos resgatar os momentos mais significativos do Centro de Energia Nuclear na Agricultura, que há 30 anos vem contribuindo para melhorar a produção e a oferta de alimentos no Brasil e atuando em defesa do meio ambiente, através de atividades de pesquisa e ensino.

Inicialmente, foi feita uma retrospectiva contando um pouco da história da energia nuclear no mundo e particularmente no Brasil, procurando situar a instituição no tempo e no espaço.

A seguir, são relatados os trabalhos mais importantes desenvolvidos pelo CENA, desde a sua criação até os dias de hoje, destacando sempre o seu caráter pioneiro que o tornou reconhecido não só dentro do país como no exterior.

Procuramos fazer uma obra o mais abrangente possível, mas são inevitáveis algumas falhas e omissões involuntárias, próprias de qualquer trabalho humano.

De qualquer forma, cumpre-se o duplo objetivo desta publicação: registrar a história do CENA e, ao mesmo tempo, homenagear todos os professores, funcionários e alunos que auxiliaram na tarefa de conduzilo a uma posição de destaque no panorama científico internacional.

Prof. Dr. Carlos Clemente Cerri
Diretor do Centro de Energia Nuclear na Agricultura

Fachada da Universidade de Chicago (EUA), com destaque para a "Árvore do Conselho", sob a qual cientistas se reuniam em conversas ultra-secretas que contribuíram para o sucesso da instalação do primeiro reator nuclear do mundo em 1942.

Introdução

Origem e Evolução da Energia Nuclear

Na sua trajetória pela terra, o homem vem buscando diferentes formas de energia para conquistar o progresso e assegurar o seu bem-estar. A energia nuclear, apesar de ter sido inicialmente utilizada com objetivos de destruição, representa hoje uma das fontes mais ricas e promissoras para melhorar a qualidade de vida no planeta.

Desde os tempos mais remotos, o homem vem procurando na natureza forças motrizes para o seu desenvolvimento. Assim, sua trajetória no planeta tem sido marcada pela busca e conquista das mais variadas formas de energia. O domínio de cada uma delas representou diferentes etapas em sua evolução.

Nesta luta incansável, a espécie humana procurou utilizar a sua própria força e a dos animais; dominou o fogo para se proteger do frio e cozer seus alimentos; mergulhou nas entranhas da terra para trazer o carvão, o petróleo, o gás e trabalhou as forças das águas e dos ventos. Tentava assim descobrir novas alternativas para suprir a demanda sempre crescente de energia, necessária não só para a sobrevivência, mas também para melhorar a qualidade de vida.

Somente no século XIX descobriu-se uma fonte de energia extraordinária, compacta e inesgotável: a nuclear. Era de tal magnitude, que poderia ser utilizada tanto para o bem como para a destruição. Da pesquisa pura passou-se logo para a aplicação prática. Os acontecimentos se sucederam com rapidez, e em pouco tempo a realidade ultrapassou todos os exercícios de ficção.

Muitos consideram a liberação da energia atômica como a maior aventura científica da História. Com o passar dos anos, verificou-se que a sua maior contribuição não foi só proporcional à geração de energia utilizável. Os estudos mostraram seu amplo espectro de aplicações nos mais diversos campos do conhecimento humano, como, por exemplo, na investigação pura, na medicina, na indústria e na navegação.

Sabe-se atualmente que o uso da energia nuclear para fins pacíficos apresenta horizontes ilimitados. E, apesar das críticas de alguns, a humanidade não pode mais prescindir dela, se quiser continuar habitando o planeta já no próximo milênio. No entanto, o caminho para a compreensão deste fato foi longo, difícil e doloroso. O tema ainda é polêmico e a sua ampla utilização está longe de ser uma unanimidade.

De qualquer forma, o crescimento populacional é um dos grandes problemas deste século. Na época do nascimento de Cristo havia 350 milhões de pessoas na Terra; em 1900, 1,5 bilhão e, noventa anos depois, 5 bilhões. Prevê-se que no ano 2000 seremos 6 bilhões de habitantes. Assim, nos últimos dez anos deste século, estima-se que a população crescerá mais do que no tempo decorrido desde o nascimento de Cristo até 1900.

O problema se agrava porque não existem mais continentes inexplorados para serem ocupados. Ao contrário, há desertificação, erosão e outros danos ambientais, que, combinados aos fatores econômicos, obrigam os povos a emigrarem para áreas urbanas já densamente povoadas e com emergente risco de conflitos. Neste contexto, se a necessidade de energia aumentar ainda mais, os governantes terão de buscá-la em todas as fontes disponíveis. E a nuclear representará, sem dúvida, uma das mais importantes alternativas.

Tempos primitivos

A primeira forma de energia descoberta pelo homem foi a do seu próprio corpo. Ele usava a força muscular para obter seus alimentos, transportá-los até o abrigo e armazená-los. Quando conseguiu acender intencionalmente a primeira fogueira, por volta de 70000 a.C., entrou em uma nova etapa do seu processo evolutivo, marcando definitivamente a sua ruptura com a vida animal.

Paralelamente, o homem começou a desenvolver os primeiros utensílios e ferramentas com os materiais disponíveis, tais como pedras, ossos e madeira. No momento em que passou a extrair da terra o necessário para o seu sustento, houve importantes alterações no seu modo de vida, deixando de ser nômade. O cultivo de cereais passou a sustentar o crescimento populacional a partir da última Era Glacial. Esta produção tornou possível o estabelecimento de povoamentos maiores que podiam ser chamados de cidades. Nesta época aconteceu a primeira grande divisão de trabalho: mulheres na agricultura, homens na caça.

Por volta de 9000 a.C., a tração animal foi incorporada a seu universo energético. O fogo passou a ser usado também no preparo da terra para o cultivo e as ferramentas se aperfeiçoaram com o uso da pedra polida. Mais tarde, iniciou-se também a metalurgia, envolvendo principalmente o bronze, o cobre, o ouro.

Com o agrupamento das populações em torno de um centro administrativo e religioso surgiram grandes impérios no Egito, Mesopotâmia, Pérsia e China. A grande disponibilidade de mão-de-obra escrava fez com que ela fosse naquela época a principal força utilizada para construir muitas das maravilhas da Antigüidade, que simbolizavam o poder dos governantes.

O domínio do fogo representou uma nova etapa na história da Humanidade. Na foto, aspecto de uma erupção vulcânica.

Moinho movido à água usado na Idade Média (1607) para moagem de grãos.

Foram os gregos que desenvolveram o uso da energia eólica e hidráulica, utilizando-as em navios e moinhos d'água. Durante sua hegemonia, a metalurgia do ferro evoluiu muito, com o aperfeiçoamento das armas e instrumentos de trabalho. A grua, desenvolvida por eles, era bastante complexa, permitindo a multiplicação da força através de roldanas e alavancas. Nessa época, o sistema de trabalho se dividia em duas categorias: a dos homens livres e a dos escravos.

Os romanos, que dominaram o povo grego, assimilaram os vários progressos científicos efetuados no campo da matemática, geometria, hidrostática e mecânica, praticamente nada acrescentando de novo. Tiveram, porém, o mérito de difundi-los em seus territórios ocupados, adaptando-os às condições locais.

As invasões bárbaras, que provocaram a queda do Império Romano, trouxeram um certo retrocesso no desenvolvimento da tecnologia. Retornou-se ao uso de ferramentas mais simples, que reduziram consideravelmente a produtividade do trabalho. A evolução das condições sociais tornou impossível a utilização da força escrava coletiva e com isso os limites do homem tornaram-se evidentes, exigindo novas fontes de energia. Mas este processo de incorporação foi lento: iniciou-se na Idade Média e culminou com o advento da Revolução Industrial na Inglaterra.

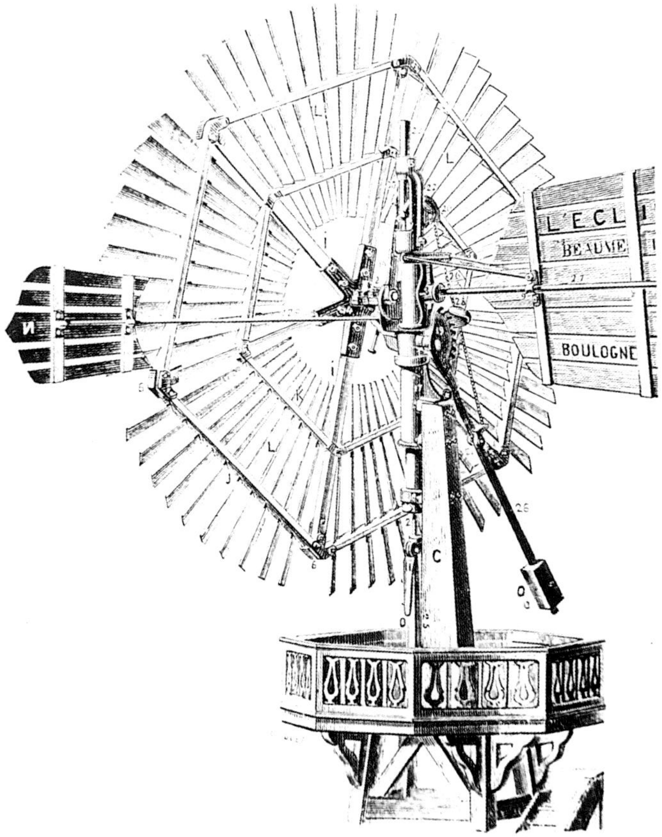

Moinho de vento usado na agricultura.

A idade das trevas

Lentamente, a sociedade medieval recompôs as estruturas que permitiriam o desenvolvimento de novas bases técnicas. Durante esse período, foi possível manter o abastecimento energético relativamente equilibrado pelo uso de fontes renováveis de energia: a lenha era usada para produzir calor, cozinhar alimentos e para trabalhar metais. A tração animal e os moinhos d'água, quando disponíveis, completavam a força humana nas atividades produtivas.

Com o passar do tempo, foram aperfeiçoadas as rodas d'água, que tiveram sua potência multiplicada várias vezes. A transformação do movimento circular em alternativo capacitou-as para efetuar novas tarefas, tais como a moagem de grãos, a produção de celulose, o corte de madeira e o polimento de metais.

Os moinhos de vento difundiram-se a partir do século XII, mas seu uso ficou restrito às regiões que dispunham de ventos constantes. A Holanda foi um dos países que se notabilizou pela sua utilização, principalmente para o corte da madeira, proveniente da região do Mar Báltico, a moagem de especiarias do Oriente e de grãos em geral. Foi ali que se desenvolveu a técnica de elevação da água para enfrentar as inundações e para suprir as necessidades de irrigação.

O uso do cavalo como força de tração diversificou-se no período medieval, com a incorporação de duas inovações: a ferradura e a atrelagem dos animais pelos ombros. Dessa forma, foi possível quadruplicar a capacidade de tração e tornou-se possível a aração de solos endurecidos com sulcos mais profundos, permitindo um aumento da área plantada e da produção.

No século XIV, a invenção do alto forno movido a carvão vegetal permitiu o uso mais intenso do ferro e a disseminação de alguns utensílios e equipamentos, como a charrua. Associada ao domínio de novas fontes de energia, a utilização desses instrumentos teve um forte impacto na produtividade agrícola, na manufatura, no transporte a longa distância e no comércio, criando condições para a explosão renascentista, que transformou profundamente as relações entre a ciência e a técnica.

O progresso renascentista

Em meados do século XVI começaram a se constituir as bases do capitalismo comercial, com o aparecimento das primeiras manufaturas, onde a cooperação simples entre artesãos tornou-se o principal elemento da atividade econômica. O crescimento das populações, da urbanização e da economia obrigou a sociedade a buscar novamente outras alternativas energéticas. A Inglaterra foi pioneira nesta tarefa. Tendo reunido durante a era medieval condições favoráveis para o desenvolvimento da indústria do ferro, viu suas florestas desaparecerem devido ao uso intensivo do carvão vegetal. A escassez exigiu a substituição da lenha pelo carvão mineral.

A demanda por esse minério cresceu também nos outros países da Europa, tornando-se necessário escavar minas cada vez mais profundas, levando à exploração para níveis abaixo do lençol freático. O acúmulo de águas nas galerias tornou-se um problema sério. No início do século XVIII, o mecânico inglês Thomas Newcomen retomou a idéia do pistão, introduzida pelo inventor francês Denis Papin, e construiu uma máquina capaz de elevar a água do fundo das minas até a superfície, utilizando o ciclo vaporização-condensação. O homem passou então a utilizar o fogo não só como fonte de calor, mas também como força motriz. Era ainda uma máquina muito limitada, com o uso quase restrito às minas de carvão.

Na segunda metade do século XVIII, o mecânico escocês James Watt aperfeiçoou a máquina de Newcomen, tornando-a utilizável para qualquer engenho. Surgiu assim o primeiro motor universal. Sua consolidação foi possível graças ao desenvolvimento do alto-forno a coque e a purificação do ferro fundido. Estavam assim lançadas as bases tecnológicas da chamada Revolução Industrial.

Surge a máquina

O uso do carvão mineral teve um papel fundamental para o progresso humano. Passou-se a extrair das minas a energia necessária para alimentar a demanda crescente de ferro, calor e força motriz. O homem passou a assentar sua vida econômica sobre um recurso acumulado pela natureza ao longo de milhões de anos. Deixou de depender da energia proveniente das forças livres da natureza, como a dos fluxos variáveis das águas e do vento, ou dos ciclos de reprodução das plantas e animais.

Com a Revolução Industrial, um novo sistema passou a impulsionar o crescimento econômico: a ferramenta, antes instrumento básico da atividade produtiva, foi substituída pela máquina. Paralelamente, ini-

Projeto de instalação usada para extração de carvão (1877), minério que teve papel fundamental no desenvolvimento econômico da Europa, durante a Revolução Industrial.

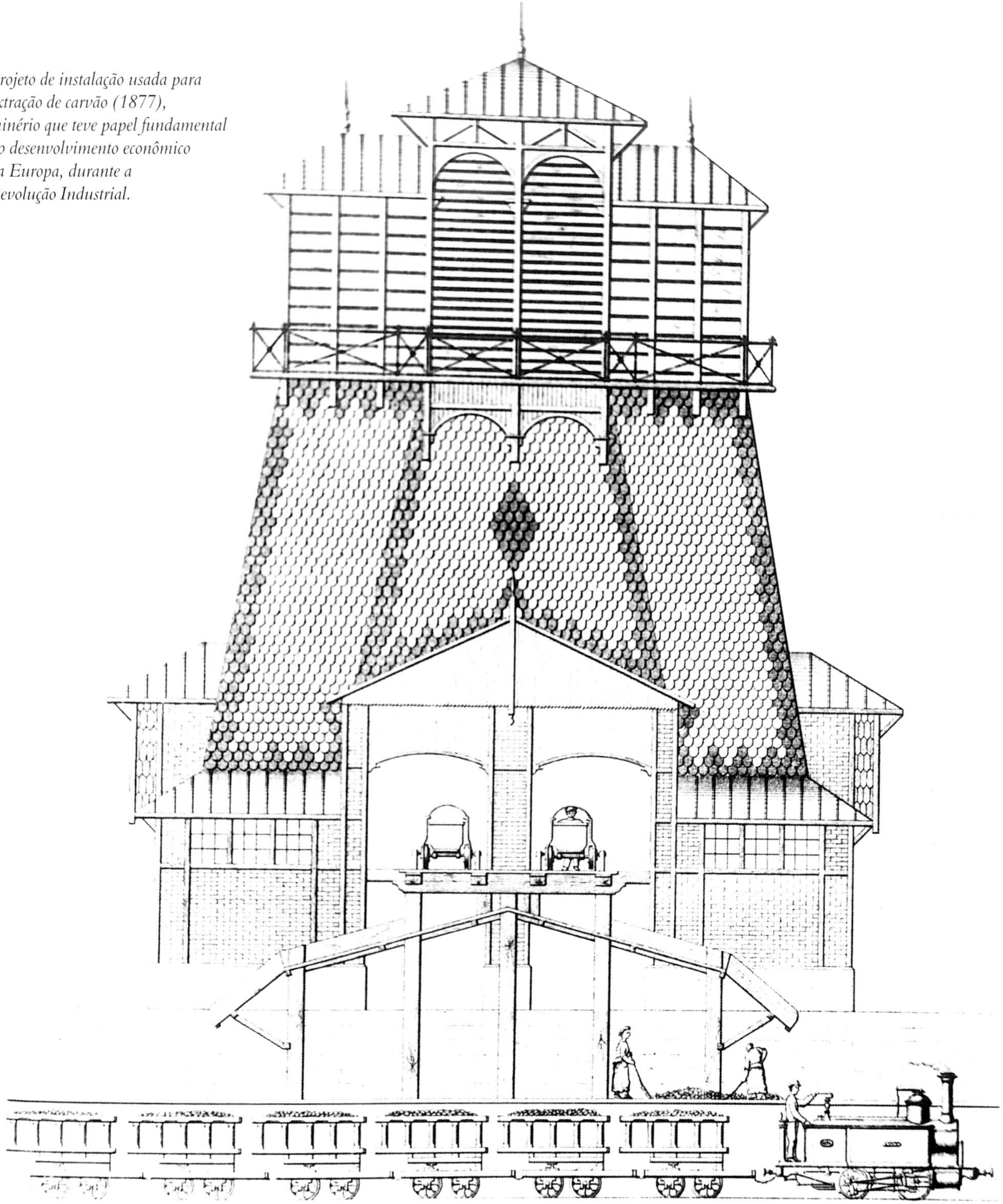

ciou-se a proletarização da massa camponesa, fato que causou uma revolução nas relações sociais e exigiu uma nova forma de organizar a produção.

Pelo novo sistema, a força gerada pela máquina a vapor era transmitida à ferramenta por um sistema mecânico, ficando o homem limitado apenas ao controle da operação. Com a simplificação das suas atividades, aumentou a distância entre o trabalho intelectual e o manual. A força física deixou de ser indispensável, viabilizando a incorporação de novos contingentes de mão-de-obra, especialmente mulheres e crianças.

Durante todo o século XVIII, uma série de invenções permitiu o progresso tecnológico, com especial destaque para as máquinas-ferramentas, que aumentaram o rendimento energético das máquinas a vapor. Porém as grandes transformações ocorreram na indústria têxtil, com a incorporação dos equipamentos de fiar e tecer (1767/1789), e nos transportes, com a invenção da locomotiva.

A expansão acelerada da rede ferroviária provocou o incremento da demanda de ferro e de carvão mineral. Este último era necessário para alimentar os altos-fornos, as locomotivas e as máquinas a vapor da indústria. No final do século XVIII, o carvão era usado nos grandes centros urbanos, inclusive para iluminação, sob a forma de gás.

O capitalismo conquistou novos espaços nas economias em vias de industrialização com a automação, distanciando-se cada vez mais das formas de produção medievais. Permitiu também a ampliação dos mercados na Ásia, na África e na América Latina. Paralelamente, a procura por produtos industriais cresceu significativamente nos países centrais da Europa, como resultado do aumento da renda das populações urbanas, provocando a expansão das empresas existentes.

A industrialização desencadeou também o rápido processo de urbanização, com o conseqüente aumento do uso de óleo iluminante. Até meados do século XIX, a principal fonte de energia para suprir essa demanda eram os óleos animais, sobretudo o da baleia, cujo custo tornou-se proibitivo à medida que esses animais eram dizimados pela intensa pesca. A solução foi desenvolver a gaseificação e a liqüefação do carvão.

Energia do vapor a serviço da agricultura: locomóvel com caldeira tubular, desenvolvido por Broubot et Cie., no final do século passado, na França.

A perfuração do primeiro poço petrolífero em Titusville (EUA), em 1859, abriu novos horizontes para a questão energética. Encontrara-se uma fonte fóssil viável, fornecedora de grandes quantidades de energia para iluminação de baixo custo, o que praticamente eliminava as dificuldades para o abastecimento do mercado.

Por outro lado, ainda na primeira metade do século XIX, iniciaram-se os estudos para a construção de um motor a pistão, comandado por ar aquecido pela combustão, para atender às necessidades de pequena potência. Os problemas encontrados foram muitos, até que se resolveu usar o gás de carvão. O rendimento, no entanto, era muito baixo e seu uso nos transportes, praticamente inviável.

No final do século XIX surgiram os diversos tipos de motores: a quatro tempos (ciclo Otto) que permitiu elevar em 13,5% o rendimento e a potência, chegando-se a mil cavalos-vapor no início do século XX, e o diesel, que completou a linha de motores de combustão interna.

O domínio da energia elétrica

A maioria das máquinas desenvolvidas até então foram resultado da criatividade dos artesãos. O conhecimento empírico foi determinante na evolução técnica da Revolução Industrial, tendo sido relativamente pequena a contribuição dos pesquisadores para a incorporação de novas tecnologias. Entretanto, se não fosse a cooperação da ciência, seria impossível o advento, no final do século XIX, da sucessiva onda de invenções, que ocorreu em vários pontos do planeta.

A invenção tornou-se atividade sistemática e deliberada, não mais resultado do gênio de um homem isolado, mas decorrente do esforço coletivo. O processo começou por volta de 1900, com o equacionamento do problema de transformação da energia mecânica em elétrica, fruto do trabalho de vários cientistas. Esse acervo acumulado permitiu, na segunda metade do século, a invenção do dínamo, que, por sua vez, possibilitou o aparecimento do motor elétrico, com enormes vantagens sobre a máquina a vapor: silencioso, não poluente, capaz de oferecer tanto pequenas como grandes potências, e relativamente barato.

A construção da turbina elétrica (1832) e todas as melhorias nela introduzidas com o desenvolvimento de novas ligas metálicas permitiram a produção de energia elétrica em larga escala, com o aproveitamento de quedas d'água. Em 1876, foi criada a primeira turbina a vapor, logo aperfeiçoada e bastante difundida graças às suas vantagens: volume menor para uma potência praticamente ilimitada e menor consumo de lubrificantes.

No início deste século, a turbina foi liberada do vapor, passando a ser movida pelos próprios gases de combustão, aumentando ainda mais o rendimento e reduzindo o consumo de combustíveis. Restava ainda contornar o problema do transporte da eletricidade, que tornava antieconômica a implantação de usinas em locais distantes dos centros, o que acabou se resolvendo antes do início deste século.

A era do petróleo

No início do século XX houve uma profunda alteração na estrutura da economia mundial com o aparecimento do automóvel e o conseqüente aumento do transporte rodoviário. O petróleo passou a alimentar não só o sistema industrial, mas também a frota sempre crescente de veículos. Sua exploração possibilitou também o crescimento da oferta dos seus derivados, como gás liqüefeito e o óleo combustível, cujo uso foi amplamente difundido nos países industrializados.

A revolução completou-se após a Segunda Guerra Mundial, com a expansão da aviação e a introdução de um novo tipo de motor a jato, também alimentado com um derivado do petróleo, o querosene. O extraordinário progresso na rede dos transportes e comunicações trouxe a integração de novos mercados,

Aspecto da exploração de petróleo nos Estados Unidos.

abrindo novas fronteiras para o capitalismo. No campo dos materiais houve também evoluções importantes, com o incremento do uso do aço, alumínio, cobre e plásticos. A produção dos tratores também movidos a motores de combustão interna influenciou beneficamente a agricultura. As atividades do cotidiano foram transformadas pela automação, especialmente pelo aparecimento dos eletrodomésticos.

O carvão foi substituído pelo novo combustível em quase todos os usos, exceto na metalurgia e na geração de eletricidade, deixando de ser a principal fonte de energia das sociedades industriais. Enquanto seu consumo crescia a taxas de 1% ao ano, o petróleo cresceu a 7% em média por ano, do início do século até a crise ocorrida em 1973.

A descoberta de grandes jazidas petrolíferas de baixo custo de exploração no Oriente Médio possibilitou abastecer o mercado sempre crescente com preços atraentes, o que contribuiu para o longo período de prosperidade econômica subseqüente à Segunda Guerra Mundial. O desenvolvimento da sociedade acelerou o consumo de bens e serviços, provocando a rápida acumulação do capital e a busca de novas fontes de abastecimento de matérias-primas.

No final da década de 60, as limitações da estrutura mundial criada no século XX começaram a se tornar evidentes. A preocupação com o esgotamento dos recursos naturais e com a poluição tornou-se um problema político nos países industrializados, enquanto que, nos países do Terceiro Mundo, crescia a consciência da exploração pelos mais fortes.

Neste contexto, os países mais adiantados julgaram ser a hora de difundir uma nova fonte de energia — a nuclear — cujo desenvolvimento concentrou grande parte do esforço científico e técnico do pós-guerra. Esta necessidade tornou-se ainda mais evidente quando o preço do petróleo disparou de forma dramática em 1973, com os dois choques sucessivos, afetando todo o mundo. A crise social e política generalizou-se, exigindo uma reestruturação profunda do sistema produtivo (Oliveira, 1987).

O poder do átomo

A utilização da energia nuclear está ligada aos estudos sobre a constituição da matéria. Foram os gregos que expuseram pela primeira vez uma teoria atomística, por volta do século V a.C. Segundo os filósofos Demócrito e Leucipo, da Escola de Abdera, o universo consistia de um espaço vazio e de um número quase infinito de partículas indivisíveis, de cuja união e separação apareciam ou desapareciam os corpos. Elas eram impenetráveis, animadas por um movimento próprio, e suas vibrações produziam todas as nossas sensações. Por volta do ano 300 a.C. o filósofo Epicuro deu o nome de "átomo" (indivisível, em grego) a essas partículas.

Mais tarde, no ano 80 a.C., as idéias inovadoras dos gregos foram reproduzidas pelo poeta romano Tito Caio Lucrécio, no seu livro *De Rerum Natura*. Os estudos atomísticos mergulhariam nas trevas nos quinze séculos seguintes, para serem reativados somente quando Robert Boyle provou a existência dos átomos, que ele chamou de "corpúsculos". Logo depois, o pai da ciência moderna, Isaac Newton, estabeleceria, como Demócrito, que os átomos eram a menor parte da matéria, acrescentando que eles eram dotados de "certos poderes, virtudes e forças com os quais atuavam sobre os outros". Estava aberto o caminho para as investigações: no início do século XIX, os pesquisadores em química debruçaram-se novamente sobre a hipótese atômica.

O conceito de energia tal como se entende hoje surgiu nessa época, quando se percebeu que "corpos em movimento podiam se deslocar contra forças resistivas, realizando, assim, trabalho". Esse poder ficou conhecido como *energia cinética.* Determinou-se também que corpos colocados em uma determinada altura exibem um potencial para realizar trabalho quando caem, fenômeno que define a *energia potencial gravitacional.*

Toda energia disponível sobre a Terra provém de quatro fontes distintas: solar, geotérmica, gravitacional e nuclear, sendo que a primeira é a dominante. Derivam dela, direta ou indiretamente, as fontes renováveis de energia, como a hidroelétrica, a dos produtos de fotossíntese e as não-renováveis, como as do carvão, petróleo, gás natural e xisto. Apesar de muito abundante, a possibilidade de usar a energia solar direta, através da captação de células fotovoltaicas, por exemplo, ainda apresenta dificuldades de ordem técnica.

A energia geotérmica é proveniente da reserva de calor existente no interior da Terra: ela se manifesta na convecção de material sólido, líquido ou gasoso durante as erupções vulcânicas e nas fontes de vapor e água quente (*geysers*) existentes em várias partes do mundo. A energia das marés é proporcionada pelo efeito gravitacional da Lua e do Sol sobre a água dos oceanos (Goldemberg, 1976).

FONTES DE ENERGIA

Convencionais	Não convencionais	Exóticas
Carvão (fóssil)	Marés (renovável)	Energia solar
Petróleo (fóssil)	Ventos	Calor dos oceanos
Gás natural (fóssil)	Xisto (fóssil)	Reatores nucleares reprodutores
Energia hidroelétrica (renovável)	Geotérmica (renovável)	Fusão nuclear
Fotossíntese (renovável)	Fissão nuclear (fóssil)	
	Energia solar (renovável)	

Fonte: *Goldemberg, 1976*

A energia nuclear remonta à época da formação dos elementos. Origina-se nos núcleos de certos átomos, que, ao se desintegrarem ou se fundirem em determinadas condições, liberam grande quantidade de energia. Ela é obtida a partir da fissão ou da fusão nucleares. Na fissão, o núcleo de um átomo pesado é dividido em duas partes de tamanhos comparáveis; na fusão, dois ou mais núcleos relativamente livres combinam-se para formar um outro mais pesado. O processo de aproveitamento da energia das reações nucleares por fissão já é controlado pelo homem, enquanto que o da fusão nuclear ainda não foi conseguido (Enciclopédia Folha, 1996).

Pudim de ameixas

Os estudos do inglês John Dalton no século XIX marcaram o início do desenvolvimento sistemático das pesquisas que culminariam com o domínio das reações nucleares. No seu livro *A New System of Chemical Philosophy* (1803) ele propôs os postulados fundamentais para explicar a lei das Múltiplas Proporções, segundo a qual os elementos químicos consistem de partículas discretas de matéria — os átomos — que não podem ser subdivididos. Este cientista propôs também que cada elemento se caracteriza pelo peso de seus átomos e que os compostos químicos são formados pela união dos átomos de diferentes elementos em proporções numéricas simples.

Em 1811, o italiano Amedeo Avogrado introduziu a idéia de "molécula integrante" (agregado de átomos) e "molécula elemental" (equivalente a um átomo). A definição de molécula, como se entende hoje, foi dada pelo químico Henry E. Roscoe (1868). Após o ano de 1834, a interpretação das leis de Eletrólise, do inglês Michael Faraday, permitiu a conclusão de que os átomos transportavam cargas elétricas. O primeiro modelo de átomo foi apresentado por J. J. Thomson e ficou conhecido como "pudim de ameixas": ele é constituído por um núcleo positivo — o pudim — no qual se acham incrustados os elétrons — as ameixas. No limiar do século XX, a humanidade, afinal, ficava sabendo que Demócrito errara: o átomo, o indivisível, também podia ser fracionado.

As descobertas dos raios X e da radioatividade tiveram grande importância para o desenvolvimento da física atômica. Wilhelm Röentgen, em 1885, descobriu um tipo de radiação que atravessava corpos opacos, apesar de ser absorvida em parte por eles. Esses raios excitavam substâncias fosforescentes, impressionavam placas fotográficas e aumentavam a condutividade elétrica do ar que atravessavam. Como eram de natureza desconhecida, foram denominados raios X. No ano seguinte, Poincaré apresentou estas pesquisas na Academia de Ciências de Paris e na *Révue Générale des Sciences*.

Impressionado com esses resultados, o professor francês Henri Becquerel aprofundou os estudos e descobriu, em 1896, que os sais de urânio emitiam radiações análogas às dos raios X e também impressionavam chapas fotográficas. Os raios de Becquerel foram estudados ainda por inúmeros cientistas de vários países. Dois anos depois, Marie Curie descobriu, ao mesmo tempo que Schmidt, na Alemanha, que, entre

Lorde Rutherford e Hans Geiger, em Manchester (Inglaterra), no início deste século, ao lado do primeiro detetor de partículas ionizantes com amplificador (detetor Geiger).

Lorde Ernest Rutherford, um dos mais importantes físicos deste século, que desenvolveu o modelo do átomo, análogo ao nosso sistema planetário.

os elementos conhecidos, o tório apresentava características radioativas do urânio. O casal Curie já explicava a radioatividade como uma propriedade atômica e descobriu novos elementos radioativos, que chamou de rádio e de polônio.

A idéia original de quantização da energia foi apresentada por Max Planck, em 1901, que possibilitou o desenvolvimento, mais tarde, na década de 20, da mecânica quântica. Tanto ela como a teoria da relatividade, de Albert Einstein, em 1905, constituíram-se em poderosas ferramentas para os estudos de física atômica e nuclear.

Por outro lado, no estudo da radioatividade natural verificou-se, em 1899, a existência de dois tipos de radiação: *alfa* (partículas positivas) e *beta* (elétrons), que receberam o nome das duas primeiras letras do alfabeto grego. Mais tarde descobriu-se um terceiro tipo de raios, chamados de *gama,* muitos poderosos, que atravessavam grossas chapas de chumbo.

Max Planck, que apresentou em 1901 a idéia de quantização da energia, possibilitando o desenvolvimento mais tarde da mecânica quântica.

Era do átomo

Ernest Rutherford, um dos mais importantes físicos deste século, verificou também que essas radiações eram eletromagnéticas e estabeleceu em 1911 o modelo atual do átomo, análogo ao nosso sistema planetário. O núcleo central é positivo e em torno dele gravitam as partículas negativas, os elétrons. O problema da constituição do núcleo foi um dos capítulos mais difíceis da física. Somente mais tarde, em 1931, James Chadwick propôs a existência, no núcleo, de uma partícula neutra, à qual deu o nome de nêutron.

Entre 1913-1915, Niels Bohr, em Copenhagen, estudando a estabilidade do átomo de Rutherford, estabeleceu uma teoria que aplicava hipóteses quânticas no movimento dos elétrons. Ficaram célebres os seus postulados relativos às órbitas eletrônicas. O átomo de Bohr apresentou uma perfeita aplicação ao estudo da espectroscopia de núcleos hidrogenóides. Em 1919, Rutherford iniciou a era da transmutação, bombardeando o átomo de nitrogênio e convertendo-o em oxigênio. No mesmo ano, o inglês Aston inventou um separador de isótopos.

Mais tarde, na década de 30, os alemães Bothe e Becker descobriram “um tipo de radiação misteriosa, muito penetrante”. A partir daí, os estudos sobre energia atômica ganharam grande desenvolvimento. Os acontecimentos sucederam-se com rapidez e quase simultaneamente, em vários países. Em 1932, os ingleses Cockroft e Walton iniciaram os bombardeios atômicos com partículas aceleradas artificialmente e nos Estados Unidos o norte-americano E. Lawrence inventou o cicloton, aparelho capaz de acelerar partículas. Por outro lado, em Roma, o italiano Enrico Fermi iniciou os bombardeios de núcleos com nêutrons em 1934. A ciência comprovava definitivamente a possibilidade da transmutação dos elementos, perseguida desde os tempos dos alquimistas e anunciada por John Dalton.

Uma experiência realizada pelos alemães Otto Hahn e Fritz Strassman em 1938 envolvia o bombardeamento de átomos de urânio. Os dois discutiram os resultados de suas experiências com Lise Meitner, que apresentou a teoria de que eles haviam partido o núcleo do urânio em duas partes. Seus cálculos mostraram que a massa total dos fragmentos de fissão era ligeiramente menor do que a massa do urânio, a partir do qual se originaram. Apoiados nesta descoberta, ela e Otto Frish estabeleceram em 1939 os princípios da reação em cadeia. Nessa altura, Fermi, já trabalhando nos Estados Unidos, desenvolveu o processo de obtenção dessa reação e em 1942 conseguiu provar na prática a possibilidade de controle da fissão do átomo, colocando em funcionamento o primeiro reator da história (ver box na página 33).

Einstein já havia predito em 1905 que a massa podia ser convertida em energia, conforme a equação $E = mc^2$ (sendo E a energia, m a massa e c uma constante, a velocidade da luz). Embora a perda de massa nesta reação de fissão fosse pequena, a quantidade de energia liberada era grande, porque o valor de c^2 é extremamente grande (aproximadamente $9 \times 10^{16} m^2/s^2$). Com isso, ele reviu tudo o que se dissera até então sobre a indestrutibilidade da matéria, e demonstrou que a sua destruição libera energia, abrindo o caminho para o uso da energia atômica.

O pesadelo da bomba

A descoberta da fissão levou os cientistas a uma fase de grande atividade de pesquisa, com o objetivo de liberar a energia do átomo. A pilha atômica de Fermi demonstrou a possibilidade da reação em cadeia autosustentada, na qual os nêutrons liberados pela fissão dos átomos de urânio podiam ser utilizados para quebrar mais átomos de urânio. Isto forneceu a base para o projeto de reatores nucleares e o uso pacífico da energia nuclear.

Daí por diante, a história tomou um ritmo vertiginoso. Tornou-se também aparente que uma reação em cadeia descontrolada poderia ser utilizada para a confecção de uma bomba atômica. O projeto Manhattan foi criado para construir um artefato desse tipo, e, em 16 de julho de 1945, a primeira bomba foi testada com sucesso em Alamogordo, Estado do Novo México. A 6 de agosto, a "fortaleza-voadora" denominada *Enola Gay* lançava uma bomba sobre Hiroshima e, três dias depois, outra sobre Nagasaki, cidades japonesas, com o objetivo de acabar com a Segunda Guerra Mundial, que desde 1939 sacrificava a Humanidade. No dia seguinte, o Japão solicitava a paz, pois não podia lutar contra uma arma tão poderosa.

Muitos cientistas que trabalharam no ultra-secreto Projeto Manhattan amaldiçoaram os esforços feitos para a criação desse artefato que causou tanta dor e morte. Mas, apesar dos resultados catastróficos da nova descoberta, empregada pela primeira vez com objetivos destrutivos, a História não volta atrás. E, no final da guerra, havia uma nova e aparentemente inesgotável fonte de energia à disposição do homem.

Por outro lado, a ciência continuou avançando. Em fins de 1955, no Laboratório de Radiação da Universidade da Califórnia, criou-se o *antipróton* no feixe do então mais poderoso acelerador de partículas do mundo. Ele tinha existência de apenas um instante, pois, em sua colisão inevitável com um próton, ambos eram aniquilados, com enorme liberação de energia.

No ano seguinte, também nos Estados Unidos, a equipe liderada por Frederick Reines e Clyde Cowan

Época de ouro da ciência: Turma de estudantes da Universidade de Cambridge (Inglaterra), em 1899, com cinco ganhadores do prêmio Nobel, entre eles: J. J. Thomson, Ernest Rutherford, C.T.R. Wilson, Pierre Langevin e H.A. Wilson.

Enrico Fermi, físico italiano, liderou a equipe que construiu o primeiro reator nuclear.

Albert Einstein, que abriu caminho para a utilização da energia nuclear no início do século.

Lise Meitner e Otto Hahn, considerados os pais da fissão atômica, no seu laboratório na década de trinta.

anunciava a descoberta da mais fugaz de todas as partículas fundamentais: o neutrino. Com carga neutra, tinha grande capacidade de penetração, podendo atravessar bilhões de quilômetros de matéria sem sofrer qualquer efeito. No mesmo ano, o russo I.V. Kurchatov demonstrava na Inglaterra que sua equipe conseguira produzir temperaturas de quase 1 milhão de graus. Eram os primeiros passos para a obtenção do processo de fusão nuclear, que ainda hoje não está dominado pelo homem.

Nestes últimos 50 anos, o homem desenvolveu artificialmente 13 novos elementos, todos mais pesados que o urânio, e 1.200 novos isótopos, que se vieram somar aos 325 já existentes na natureza. A criação dos isótopos radioativos trouxe grande progresso aos campos da medicina e da agricultura. Diversos estudos foram realizados e em 1956 foi inaugurada a primeira usina nuclear para a produção de energia elétrica na Inglaterra (*Enciclopédia Folha*, 1996; Rodriguez, F.A., 1967; Ugarteche & Bertrán, 1945; Martins, Jader B.).

O primeiro reator atômico

O dia, 2 de dezembro de 1942. O cenário: um campo de squash *situado sob uma das arquibancadas do Stagg Field, o estádio de esportes da Universidade de Chicago, nos Estados Unidos. Os personagens: um grupo de cientistas de várias nacionalidades, liderados pelo físico italiano Enrico Fermi. A cena iria marcar uma nova etapa na evolução da humanidade: pela primeira vez se realizaria a libertação e o controle da energia do núcleo do átomo.*

Durante um mês, naquele local, os técnicos trabalharam na construção de uma armação de madeira, que tinha no seu interior uma pilha de tijolos de grafite, dispostos em camadas superpostas. Em alguns dos blocos, foram abertos orifícios, alternadamente, que receberam vinte mil cilindros curtos de urânio metálico e óxido de urânio. Ao todo, havia quarenta toneladas daquele material, seis sob a forma metálica. A estranha estrutura tinha a aparência de uma enorme maçaneta de porta, isto é, uma esfera achatada nas partes inferior e superior. Havia barras de controle, que não tinham sido retiradas para impedir que a experiência fugisse do domínio dos pesquisadores.

Na véspera do grande teste, 1° de dezembro, as provas mostraram que o trabalho já estava pronto para ser efetuado. A última camada de tijolos já se achava em posição e as máquinas, medindo as reações no interior, mostravam que, com a retirada das barras de controle, teria início uma reação em cadeia que não mais se interromperia.

Finalmente, no dia seguinte, foi retirada a barra que controlaria o experimento. Exatamente às 3h25 da tarde, o cientista-chefe efetuou os cálculos, examinou os instrumentos e concluiu que a reação já era auto-sustentada. A seguir, durante 28 minutos, houve uma atividade contínua dentro da armação. Depois a barra foi novamente introduzida e a atividade cessou. O acontecimento foi brindado pelos presentes com uma garrafa de vinho Chianti, trazida especialmente para a ocasião.

Embora batizado de pilha de Fermi, o aparelho escondido sob a arquibancada do campo de squash *foi o primeiro reator nuclear posto em funcionamento no mundo. A energia liberada inicialmente era ainda mínima: 0,5 watt. Posteriormente, produziu 200 watts em períodos curtos. Mas foi o suficiente para alterar o curso da História (Biasi, R., 1979; U.S. Atomic Energy Commission, s/d).*

Representação da cena de 2 de dezembro de 1942, quando entrou em funcionamento o primeiro reator nuclear do mundo na Universidade de Chicago (EUA).

O presidente norte-americano Dwight Eisenhower discursa na Assembléia Geral das Nações Unidas, em 8 de dezembro de 1953, propondo a criação de uma Agência Internacional de Energia Atômica.

I
O Átomo a Serviço da Paz

Após a Segunda Guerra Mundial, as nações se uniram, procurando utilizar o poder da energia nuclear para fins pacíficos. Dentre as inúmeras possibilidades de aproveitamento, destaca-se seu uso como importante instrumento de resolução dos problemas da agricultura, principalmente para melhorar a produtividade e a qualidade dos alimentos.

O mundo conheceu de forma dramática o poder da energia contida no núcleo do átomo com a explosão das bombas que levaram ao término da Segunda Grande Guerra (1945). Mas, apesar disso, tornou-se muito claro que a possibilidade do uso pacífico daquela fonte de energia sobrepujava em muito a sua capacidade de destruição. E começaram a surgir os estudos para repensar a sua utilização.

Desta forma, os países industrializados da Europa, conscientes da necessidade de desenvolver a energia nuclear, iniciaram programas de construção de reatores para pesquisa. Em 1946, a Inglaterra já tinha dois deles, utilizando urânio natural. Foi uma tarefa difícil, pois os únicos existentes na época eram os de Oak Ridge e Hanford, nos Estados Unidos, sobre os quais não havia muitas informações: as autoridades alegavam ser este um assunto de segurança nacional.

Aos poucos os norte-americanos foram mudando essa mentalidade: a bomba e o reator eram indiscutivelmente produtos da sua competente indústria, mas a ciência em que eles se baseavam era resultado de uma pesquisa desenvolvida nos últimos 50 anos por cientistas de diversos países. E o futuro daquela nova tecnologia pertencia a todo o mundo.

O grande marco na política nuclear ocorreu em 1953, com a conferência realizada pela Organização das Nações Unidas, em Genebra (Suíça), que lançou o "Programa Internacional Átomos para a Paz". Naquela ocasião, o presidente Dwight Eisenhower declarava:

Os Estados Unidos sabem que o poder pacífico da energia atômica não é um sonho do futuro. Essa possibilidade, já comprovada, está presente — agora — hoje. Quem duvidaria, se os cientistas e engenheiros de todo o mundo dispusessem das quantidades de materiais físseis necessárias à experimentação e desenvolvimento de suas idéias, de que essa possibilidade se transformaria rapidamente, tornando-se universal, eficiente e economicamente utilizável?

E em nome do povo norte-americano, Eisenhower propôs à ONU que patrocinasse a aplicação da energia nuclear pela paz, reduzindo o sigilo, aumentando a cooperação internacional e encorajando o amplo desenvolvimento da nova fonte de potência. A conferência transcorreu em clima de otimismo e livre intercâmbio de conhecimentos. Na oportunidade, foram realizadas palestras sobre construção de reatores, expansão industrial e comércio internacional.

Mas logo surgiram as dificuldades. A primeira delas resultou do fato de não haver mercados livres neste setor, pois essas questões eram controladas pelos governos dos diversos países. Além disso, os Estados Unidos, a União Soviética e o Reino Unido monopolizavam todo o suprimento inicial disponível de urânio 235 fissionável. Outro obstáculo era a falta de informações confiáveis sobre a engenharia das usinas, seus custos elevados de implantação e a falta de pessoal treinado para sua operação.

Enquanto a Agência Internacional de Energia Nuclear não era criada — o que ocorreu somente em 1957 — os Estados Unidos começaram um trabalho de divulgação, de realização de pesquisas nucleares e de produção de potência útil. Através de acordos bilaterais, colocou-se inicialmente à disposição de alguns países, em 1954, cerca de 100 quilos de urânio-235, quantidade esta dobrada no ano seguinte.

O primeiro acordo para intercâmbio de informações e fornecimento de tecnologia, materiais e equipamentos foi firmado com a Turquia em maio de 1955 e, quatro semanas depois, programas similares foram assinados com a Colômbia e o Brasil. Graças a ele, foi instalado o primeiro reator nuclear de pesquisas brasileiro, que está em operação até hoje em São Paulo. Em julho de 1956, elevava-se para 31 o número de acordos bilaterais entre os Estados Unidos e diversos países.

O uso dos materiais radioativos, subprodutos dos reatores nucleares, ou propositadamente criados neles, também se desenvolveu rapidamente com profunda repercussão na indústria, medicina e agricultura. De 1945 a 1955, somente o Laboratório Nacional de Oak Ridge (EUA) fez 75 500 remessas de isótopos radioativos para vários pontos do país e quase 4 000 para mais de 660 instituições de pesquisas médicas de 50 países. A radioatividade total dessas remessas elevou-se a cerca de 79 mil *curies* (um *curie* é a quantidade de radiação emitida por grama de rádio). É interessante saber que todo o rádio produzido nos anos anteriores à descoberta da fissão foram 2 500 gramas (Wendt, 1959).

A utilização da energia nuclear, mesmo para fins pacíficos, nunca foi uma unanimidade. Diversas correntes representativas da sociedade tentavam desencorajar este uso, alegando que a tecnologia empregada poderia servir também para desenvolver artefatos bélicos. E, apesar de os governos de vários países não assumirem publicamente, muitas pesquisas científicas realizadas neste campo eram apenas subterfúgios para esconder segredos militares, pois, durante décadas, possuir a bomba atômica era sinônimo de poder para um país.

O precário equilíbrio de forças durante a Guerra Fria repousava sobre a existência de armamentos nucleares, mísseis e bombas. Era a paz do medo. A cada dia se ampliava a ameaça fatal sobre a humanidade: um relógio instituído em 1947 pelo *Bulletin of Atomic Scientist* (Chicago-EUA) para alertar sobre a possibilidade de um confronto atômico entre as nações chegou a registrar na sua escala apenas dois minutos para a ocorrência da catástrofe global (hoje marca 14 minutos).

Os movimentos em defesa da paz mobilizaram milhões de pessoas e, felizmente, o mundo conseguiu sair dessa situação ameaçadora nos anos 80. A *perestroika* soviética, o degelo nas relações Leste-Oeste, as transformações na Europa Oriental, a reunificação alemã, a

Setembro de 1996:
Manifestantes pacifistas
apóiam no Rio de Janeiro
a assinatura do Tratado de Proibição
Total de Testes Nucleares,
assinado na ONU por 60 países.

ascensão do Japão à liderança em tecnologia de ponta e, mais recentemente, o surgimento da União Européia e a globalização da economia mudaram a face do planeta. Hoje, a competição entre nações ocorre mais na área da educação, do conhecimento científico e tecnológico. A bomba tornou-se um peso anacrônico e os estudos sobre energia nuclear estão voltados quase que somente para os fins pacíficos.

Um grande passo para pôr fim às explosões nucleares no mundo foi dado em 24 de setembro de 1996, com a assinatura do Tratado de Proibição Total de Testes Nucleares, na sede da ONU, em Nova York (EUA), pelas cinco potências nucleares declaradas e por 60 outros países, entre eles o Brasil. O documento, resultado de trinta anos de negociações, é considerado muito importante para o desarmamento, embora, para vigorar, necessite da ratificação de 44 países com potência declarada ou não.

Sede provisória da Agência Internacional de Energia Nuclear, em Viena (Áustria), no final dos anos 50.

A criação da Agência Internacional

O primeiro anteprojeto dos estatutos da Agência Internacional de Energia Atômica foi aprovado em Washington (EUA) em março de 1956 por um organismo preliminar, representando doze países: Austrália, Bélgica, Brasil, Canadá, Checoslováquia, Estados Unidos, França, Grã-Bretanha, Índia, Portugal, União Soviética e União Sul-Africana. Todos eles tinham consideráveis reservas de urânio ou tório, ou então já haviam realizado algumas pesquisas nucleares. Os estatutos foram aprovados em sua forma final no mesmo ano, numa conferência realizada nas Nações Unidas, em Nova York, à qual compareceram 81 das 87 nações-membros da ONU.

A Agência Internacional tornou-se uma realidade com a inauguração de sua sede em Viena (Áustria) em 29 de julho de 1957. No mesmo ano, a ONU aprovou um acordo que estabelecia o seu relacionamento com o órgão recém-criado. Desde então, ela relata suas atividades anualmente à Assembléia Geral e, se neces-

Laboratórios da Agência Internacional de Energia Nuclear (AIEA) em Viena (Áustria), em 1989.

Selo comemorativo do Programa "Átomos para a Paz", nos Estados Unidos.

sário, ao Conselho de Segurança e ao Conselho Econômico e Social.

A missão da AIEA foi definida como a de "acelerar e ampliar a contribuição da energia atômica para a paz, a saúde e a prosperidade no mundo inteiro. Deve encorajar e prestar assistência às pesquisas, aperfeiçoamento e aplicações práticas da energia atômica para fins pacíficos em todo o mundo, incentivando o intercâmbio de informações científicas, bem como de técnicos, cientistas e peritos entre as nações".

Hoje, a Agência tem 124 estados-membros diretamente comprometidos no desenvolvimento global da energia nuclear. Seu papel é auxiliar os países interessados em aperfeiçoar tecnologias para aplicações na produção de eletricidade, medicina, agricultura e indústria. Deve também monitorar as atividades civis neste campo e, mediante solicitação dos governos, verificar se os materiais nucleares sob salvaguarda não estão sendo dirigidos para propósitos militares.

Segundo informações da AIEA, esta atuação tem muitas dimensões: o programa de cooperação técnica compreende em 1996 cerca de 1 400 projetos em 90 países, somando investimentos de 50 milhões de dólares. Perto de 3 mil técnicos são enviados a cada ano para diversos pontos para efetuar cursos de treinamento e mais de mil cientistas visitantes recebem apoio anualmente nos institutos de pesquisa regionais, nacionais ou então nos seus três centros de pesquisa e laboratórios.

Múltiplas utilidades

O emprego pacífico da energia nuclear está cada vez mais incorporado à rotina do homem moderno. É um tratamento por irradiação, por exemplo, que permite a esterilização das seringas descartáveis vendidas nas farmácias de todo o mundo. A espessura do papel que envolve os cigarros é calculada através de técnicas nucleares. A radiografia e a tomografia são hoje instrumentos indispensáveis no diagnóstico de problemas de saúde, assim como é através dos isótopos radioativos que se tratam inúmeras doenças, inclusive o câncer.

Além disso, os estudos efetuados nesta área possibilitaram ainda o aparecimento de outras tecnologias, tais como a do transístor e a do raio *laser.* É cada vez maior o número de países que empregam a radiação para conservar e esterilizar alimentos. Os isótopos são amplamente utilizados na pesquisa e investigação pura e também em outras áreas, como na indústria, na navegação e até na construção de grandes obras de engenharia (ver box na página 43).

Mas a aplicação mais conhecida dos átomos está nos reatores, que geram energia. Através deles, pode-se mover navios, fundir minérios e, sobretudo, produzir energia elétrica. Seu princípio de funcionamento é o mesmo de uma caldeira, mas, em vez de carvão, lenha ou petróleo, o que a aquece é a fissão do núcleo de urânio ou outro material físsil. Este processo permite esquentar a água, produzindo vapor, que, sob pressão, gira as turbinas, pondo em movimento as pás do gerador de eletricidade, ou, então, as hélices de um navio.

Na siderurgia, na indústria química e petroquímica, que exigem calor em seus processos de produção, esta fonte de energia deverá ser cada vez mais utilizada, com o desenvolvimento de reatores específicos. Chamados de HTGR, eles permitem a elevação da temperatura do fluido arrefecedor — neste caso, o gás — em até 1 000°C. Com isso, é possível obter a gaseificação do carvão ou hidrogênio puro, a partir da água. Os produtos desses reatores são insumos básicos para fabricar plásticos, papel e até aço, entre inúmeros outros materiais.

Demanda de eletricidade

Segundo previsões da década de 80, a utilização de energia nuclear no mundo teria um aumento anual de 23% entre 1972 e 1990. Os cálculos otimistas previam que naquele ano ela se constituiria em 37% dos insumos destinados à produção de eletricidade. Mas esta taxa de crescimento não correspondeu às expectativas. Segundo a AIEA, essa fonte representava, em 1995, apenas 5% da energia total consumida no mundo.

Isso se deve ao alto custo de implantação das usinas e à preocupação com as normas de segurança e manipulação dos resíduos nucleares. O que contribuiu para aumentar a pressão contra o uso da energia nuclear foi a ocorrência dos acidentes em Three Mile Island (EUA), em 1979, e na usina de Chernobyl (Ucrânia) em março de 1986. No primeiro acidente, sem vítimas, ocorreram danos parciais no núcleo do reator por falha na sua refrigeração. Mas as medidas de segurança internas impediram o escape de irradiação.

Em Chernobyl o caso foi mais grave. O desastre aconteceu porque os técnicos perderam o controle das operações de manutenção realizadas anualmente. Apesar de estar parado, houve um rápido aumento da temperatura do reator, que provocou uma violenta explosão de vapor e arrancou o teto do prédio. Ocorreu um incêndio e grande parte do material radioativo foi arremessado para longe.

Os números oficiais falam da ocorrência de 31 mortes, mas, segundo as entidades ambientalistas, morreram 8 mil pessoas e mais de 3,5 milhões foram afetadas pela nuvem radioativa que se espalhou numa área de 10 000 km². Até o final da década, essa usina, responsável por 7% da energia consumida na Ucrânia, deve ser desativada e substituída por uma termoelétrica. Para tanto, o governo local depende da liberação de um empréstimo de 10 bilhões de dólares pelo grupo dos sete países mais desenvolvidos.

Nos anos 90, a energia nuclear ainda é vital para alguns países, apesar de estar virtualmente paralisada em outros, como os Estados Unidos, por causa das pressões dos ambientalistas e dos economistas. Na França, onde se produzem 76,14% da eletricidade a partir de reatores nucleares, nunca se ouviu falar de um acidente. Este país chegou a desativar usinas hidrelétricas e as que trabalhavam com carvão e com óleo combustível.

Segundo dados da AIEA, havia um total de 476 usinas nucleares operando ou sendo construídas no mundo no final de 1995. Além da França, a maior parte da eletricidade é produzida pela energia nuclear nos seguintes países: Lituânia (85,59%), Bélgica (55,52%), Suécia (46,61%), Bulgária (46,43%), República Eslovaca (44,14%), Hungria (42,30%). No Brasil, apenas 0,2% da produção de eletricidade provém dessa fonte.

PODER NUCLEAR NO MUNDO (1995)

PAÍS	USINAS EM OPERAÇÃO		USINAS EM CONSTRUÇÃO	
	N.unidades	Total Mwe	N. unidades	Total Mwe
África do Sul	2	1.842		
Alemanha	20	22.017		
Argentina	2	935	1	692
Armênia	1	376		
Bélgica	7	5.631		
Brasil	1	626	1	1.245
Bulgária	6	3.538		
Canadá	21	14.907		
China	3	2.167		
Eslovênia	1	632		
Espanha	9	7.124		
Estados Unidos	109	98.784	1	1.165
Finlândia	4	2.310		
França	56	58.493	4	5.810
Hungria	4	1.729		
Índia	10	1.695	4	808
Irã	0	0	2	2.146
Japão	51	39.893	3	3.757
Kasaquistão	1	70		
Lituânia	2	2.370		
México	2	1.308		
Países Baixos	2	504		
Paquistão	1	125	1	300
Reino Unido	35	12.908		
República Checa	4	1.648	2	1824
República da Coréia	11	9.120	5	3.870
República Eslovaca	4	1.632	4	1.552
Romênia	0	0	2	1.300
Rússia	29	19.843	4	3.375
Taiwan (China)	6	4.884		
Suécia	12	10.002		
Suíça	5	3.050		
Ucrânia	16	13.629	5	4.750
Total	437	343.792	39	32.594

Fonte: AIEA (1996)

USOS PACÍFICOS DA ENERGIA NUCLEAR

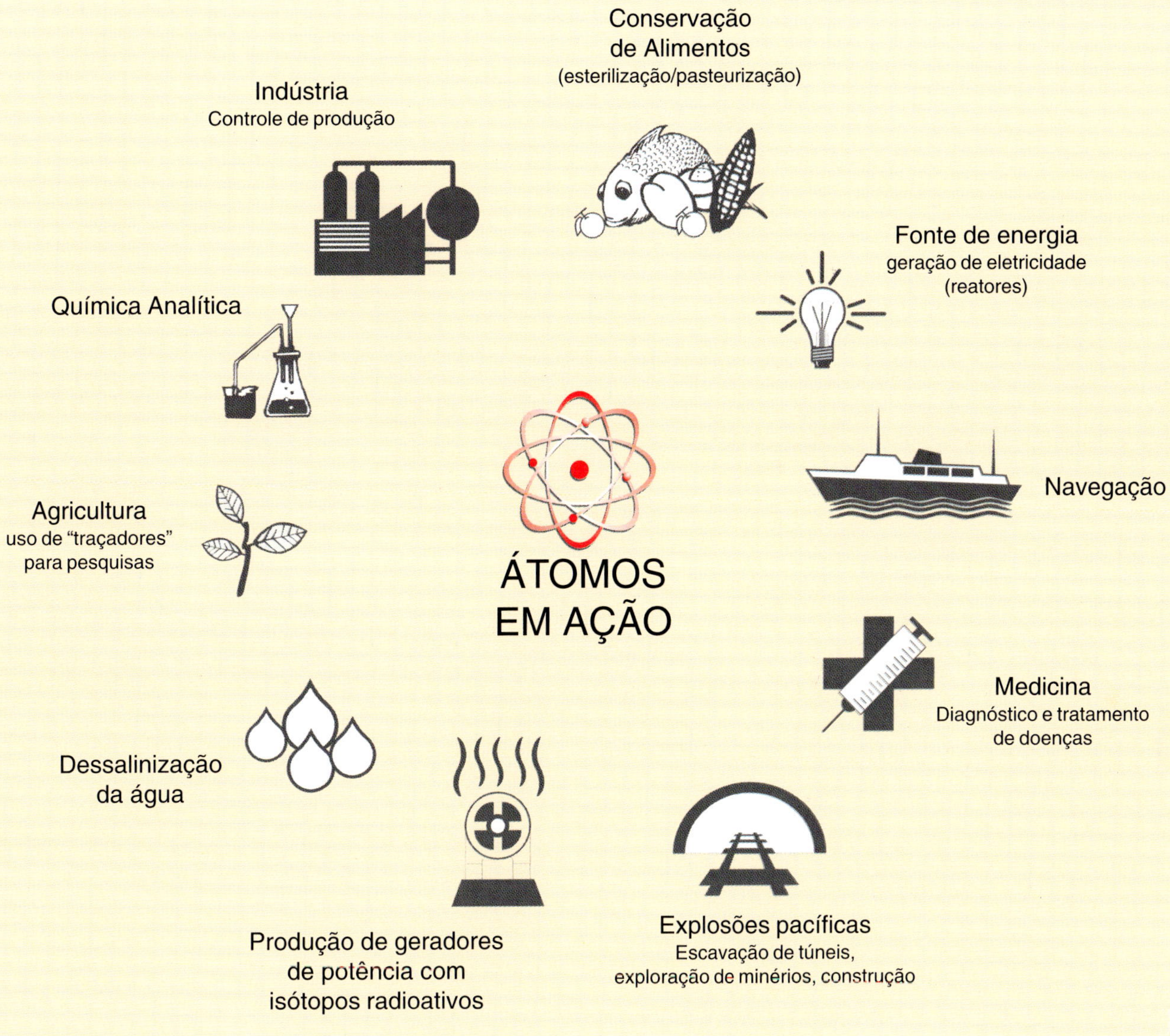

Fonte: Rodriguez, 1967

A energia nuclear na agricultura

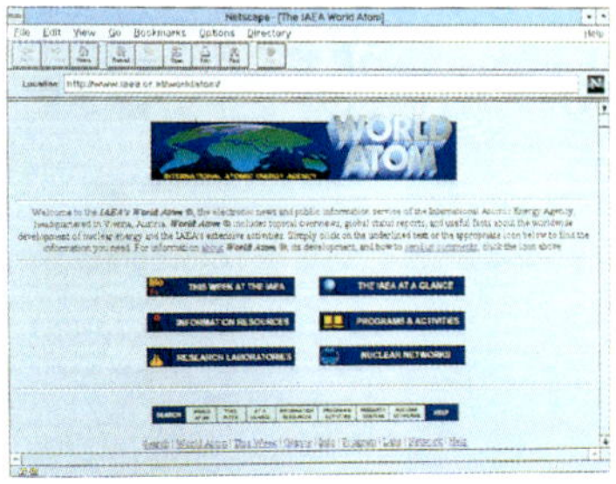

Página da Agência Internacional de Energia Atômica (AIEA) na Internet: comunicando-se com o mundo inteiro.

As técnicas nucleares demonstraram ser poderosas ferramentas para resolver problemas agronômicos específicos, principalmente para melhorar a qualidade e a quantidade das colheitas. Há duas formas de utilizar a energia nuclear: através da irradiação direta, como forma de apressar mutações de plantas, esterilizar e conservar alimentos, ou através da técnica de *traçadores* dos roteiros.

Os *traçadores* são espécies químicas com elementos radioativos de baixa concentração, com os quais é possível identificar efeitos, problemas e causas de situações desconhecidas. Eles se aplicam em pesquisas sobre fertilidade de solos, nutrição de plantas, animais, fisiologia, bioquímica, fisica e química do solo e biologia molecular, entre inúmeras outras. O método baseia-se na injeção de material radioativo no objeto a ser analisado. Este material percorre as diferentes partes das plantas, solos e águas, proporcionando a obtenção das informações desejadas com efeito de diagnóstico.

Muito antes da bem-sucedida experiência de Fermi com o primeiro reator nos Estados Unidos, várias pesquisas nesse campo foram efetuadas em pequenos laboratórios desde o início do século. Sabe-se que em 1912 já se irradiavam alimentos com êxito na Europa, na tentativa de controlar algumas pragas do arroz. Mas as experiências foram paralisadas com o advento da Primeira Guerra Mundial.

Também o austríaco G.V. Hevesy em 1923 já utilizava *traçadores* radioativos em suas pesquisas efetuadas em Copenhagen para conhecer melhor o funcionamento das plantas. Atuando em outra área, H. M. Muller e L.J. Stadler tornaram-se os pais da indução de mutação através do seu trabalho efetuado durante a década de 20.

Mas o material necessário aos trabalhos dessa natureza — os radioisótopos — era caro e de difícil acesso aos cientistas, pois tinha produção muito limitada. Esse panorama mudou depois da Segunda Grande Guerra, com o funcionamento dos primeiros reatores, que possibilitou o início das investigações dos processos químicos e bioquímicos. Assim, a partir da década de 30, os produtores começaram a utilizar as propriedades ionizantes dos raios X para induzir mutações em plantas. Mais tarde usaram também os nêutrons, abundantes nas reações de fissão.

Nos anos 50, as técnicas nucleares foram introduzidas na área de entomologia nos Estados Unidos, com as pesquisas de E.F. Knipling, R.C. Busland e A.W. Lindquist. Na mesma época, naquele mesmo país, Fried e Dean e, simultaneamente, Fredriksson, na Suécia, utilizaram os isótopos para resolver os problemas de cálculo das disponibilidades de nutrientes no solo. Através dessa ferramenta, realizaram-se inúmeros estudos sobre fertilização e nutrição de plantas.

Nesse contexto, em 1959, a recém-formada AIEA começou a atuar na área agrícola, firmando os primeiros convênios com o Japão e a República Federal Alemã para a realização de pesquisas sobre a eficiência de adubação. Na década de 60 foram iniciados os projetos na área de fertilidade do solo com inúmeros países em desenvolvimento, sendo que o Brasil foi um dos contemplados nesses programas com apoio técnico e financeiro.

Por outro lado, como a FAO (Food and Agriculture Organization, órgão da ONU), em Roma, já vinha trabalhando desde 1957 com objetivos similares, resolveu-se promover a integração dessas instituições na área de utilização da energia atômica. Assim, após inúmeras negociações, surgiu em 1964 a Joint FAO/IAEA Division of Atomic Energy in Agriculture, em Viena, com o propósito de prestar serviços aos países-membros, através de uma equipe pluridisciplinar de cientistas de várias áreas, tais como: ciências do solo, melhoramento de plantas, ciências animais, controle de insetos, resíduos, agroquímicos e de conservação de alimentos.

As pesquisas utilizando técnicas nucleares visam aumentar a produtividade na agricultura. Na foto, vista aérea de laranjal na região de Limeira (SP).

O átomo no campo

O uso de isótopos e de técnicas correlatas mostrou-se extremamente valioso para resolver vários problemas da agricultura, destacando-se as seguintes áreas:

Melhoramento genético

A radiação ionizante é útil para aumentar a variabilidade genética de certas culturas, induzindo a mutações benéficas e desejáveis. Uma seleção subseqüente permite a obtenção de genes para produzir variedades com atributos melhorados, tais como maior produtividade, colheitas precoces, melhor adaptação às condições locais e à mecanização, com maior teor de proteínas ou com maior resistência a doenças. Pode ser também utilizada para remover certos defeitos ou propriedades indesejáveis de determinadas culturas.

Uma das principais vantagens da indução da mutação é o tempo relativamente curto necessário na produção de uma variedade nova. E, em culturas propagadas vegetativamente, a mutação representa o método mais eficiente hoje disponível, principalmente se associada às técnicas in vitro.

Entomologia

O controle de insetos que infestam plantações pode ser efetuado através da técnica do macho estéril. Neste método, colocam-se os machos criados em laboratório e esterilizados através de irradiação em concorrência com os insetos férteis existentes nas lavouras. Ao copularem, a sua progênie será infecunda, diminuindo-se desta forma a população existente. A grande vantagem desta técnica é não poluir o ambiente, pois dispensa o uso de agrotóxicos.

Fertilização e nutrição de plantas

Os "traçadores" ajudam a pesquisar os mecanismos de absorção de nutrientes do solo pelas plantas e a eficiência da adubação. Com eles foi possível resolver os problemas de cálculo das disponibilidades de nutrientes no solo. E quando os isótopos estáveis de Nitrogênio-15 tornaram-se disponíveis, anos mais tarde, o trabalho evoluiu muito, com os estudos para medir a quantidade de nitrogênio da atmosfera biologicamente fixado pelas plantas.

Problemas ambientais

As técnicas nucleares são importantes nos estudos ambientais, principalmente quando se pensa numa agricultura auto-sustentável, produzindo em harmonia com a natureza, sem destruir os recursos renováveis. Desta forma, é possível pesquisar os efeitos da poluição no solo, nas águas e na atmosfera, decorrentes, por exemplo, do uso de agrotóxicos. É possível ainda conhecer melhor os ecossistemas naturais para planejar melhor a sua utilização, como o ciclo das águas, dos nutrientes e de substâncias fundamentais para a vida, como o nitrogênio e CO^2.

Irradiação de alimentos

A irradiação é utilizada para conservar e esterilizar alimentos. O processo consiste em submetê-los a um tratamento controlado por um tempo predeterminado para impedir a divisão das células vivas dos organismos superiores. Além disso, o método inibe a maturação de algumas frutas e legumes, aumentando o seu tempo de conservação.

O objetivo desta técnica é reduzir as grandes perdas de alimentos em conseqüência de infestação, contaminação e decomposição. Pode também impedir a disseminação de doenças transmitidas pelos alimentos. A sua utilização pode incentivar ainda mais o comércio internacional de produtos alimentícios, sujeitos a rígidas normas de exportação em matéria de qualidade e exigências de período de quarentena antes da liberação para o consumo.

Produção animal

Os isótopos e radiações podem ser utilizados em vários campos das ciências animais: por exemplo, como "traçadores" de roteiro de alimentação no organismo dos animais bovinos para verificar o seu aproveitamento na elaboração do leite. Pode estudar ainda as necessidades de sais minerais e outras formas de melhorar a sua nutrição. No final dos anos 60, começou-se a estudar o seu metabolismo e suas doenças causadas pelas deficiências nutricionais.

Ciências do solo

As radiações permitiram investigar problemas que antes demandavam muito tempo e trabalho. Por exemplo, possibilitaram a rápida determinação da umidade e densidade dos solos, facilitando a investigação de diversos problemas de engenharia agrícola, como os efeitos da aração, gradagens e aqueles referentes à racionalização do uso da água em diferentes tipos de solo.

Principais conquistas

As pesquisas na agricultura evoluíram muito nos últimos 40 anos com o emprego das técnicas nucleares. Elas têm a grande vantagem de não serem poluentes ou destrutivas, possibilitando análises de um sistema sem danificá-lo. Permitem ainda a obtenção de respostas rápidas, detalhadas e confiáveis que, muitas vezes, são impossíveis de serem conseguidas pelos métodos convencionais. Ultimamente, a tendência dos pesquisadores é associá-las a outras tecnologias avançadas, mais recentes, para aumentar a eficiência dos processos.

De qualquer forma, muitas conquistas foram alcançadas no decorrer dos anos. Graças às técnicas nucleares conseguiu-se erradicar muitas pragas das lavouras e reduzir as perdas de alimentos. Foram estes métodos também responsáveis pela descoberta da eficiência da adubação foliar. Antes desses estudos, pensava-se que as plantas só se alimentavam pelas raízes. Além disso, inúmeras novas variedades melhoradas estão sendo desenvolvidas com o auxílio dessas importantes ferramentas em laboratórios de todo o mundo.

Finalmente, o uso de isótopos auxiliou enormemente no conhecimento dos ecossistemas naturais para resolver problemas ambientais e da agricultura.

(Fontes: IAEA,1995; Hammond, 1990; *Agricultura de hoje*, 1986, 1989; *O Estado de S. Paulo*, 1995, *Folha de S. Paulo*, 1995; Rodriguez 1967; Stout, 1980; Conant & Gold, 1981; Wendt, 1959; Biasi, 1979)

Núcleo do primeiro reator nuclear brasileiro instalado no IPEN, Cidade Universitária, em São Paulo.

II
A Energia Nuclear no Brasil

Desde os anos 30, cientistas brasileiros vêm estudando as possibilidades de aproveitamento da energia atômica. O progresso das pesquisas obrigou o governo a definir uma política específica para o setor, criando instituições responsáveis pelo seu desenvolvimento, que culminaram com a implantação do programa nuclear nacional na década de 70.

O ano era 1937. O Brasil sofria um golpe político que levaria à ditadura de Getúlio Vargas. Alheios ao clima de instabilidade reinante, o professor Gleb Wataghin e seus alunos realizavam experimentos para medir os níveis de radiação em São Paulo, em um sótão do prédio da Escola Politécnica, localizado à rua Três Rios, nessa cidade. Começava então no país o desenvolvimento da física experimental.

Na verdade, os primeiros passos tinham sido dados pouco antes, em 1934, quando cientistas estrangeiros foram contratados para lecionar na recém-criada Universidade de São Paulo. Dentre eles, veio o jovem Gleb Wataghin, de Turim (Itália), cuja família, de origem russa, fugira para o Ocidente por ocasião da Revolução Bolchevista. Ele mantinha correspondência com grandes físicos da época, como Fermi, Dirac, Heisenberg, e estava bem informado das mais recentes e importantes conquistas científicas mundiais.

No Brasil, Wataghin organizou o curso de física, ministrado simultaneamente para os alunos da Politécnica e da Faculdade de Filosofia, Ciências e Letras. Em 1935, publicou um trabalho pioneiro no Brasil, no qual apresentava e discutia algumas características das partículas elementares.

Nos dois anos seguintes, seus discípulos Mário Schenberg e Marcello Damy de Souza Santos apresentavam os primeiros trabalhos na área, um sobre interação de elétrons, outro sobre contadores de partículas elementares. Assim, a partir de 1936, formaram-se duas equipes na Universidade de São Paulo: a dos físicos teóricos, que trabalhavam com mecânica e teoria quântica do elétron, e a experimental, que investigava a radiação cósmica (Biasi, 1979).

O Prof. Marcello Damy conta que o método de Wataghin era revolucionário para a época e por isso despertou muitas críticas no conservador meio acadêmico. Em 1937, quando a Escola Politécnica mudou-se para a rua Três Rios, seu laboratório chegou a ser desmontado, ficando livros e equipamentos depositados, por algum tempo, no corredor do prédio. Com a interven-

O russo Gleb Wataghin estuda a intensidade dos raios cósmicos no final dos anos 30, nos céus do Brasil, em um avião da FAB (Força Aérea Brasileira).

ção de Reinaldo Porchat, ex-reitor da Universidade, conseguiu-se um novo espaço para as pesquisas no antigo sótão, onde se realizavam experimentos de vanguarda.

O tema do estudo era muito atual na época: os raios cósmicos foram descobertos em 1900 por C.T.R. Wilson, na Inglaterra, mas poucos se dedicavam a ele, pois as observações eram feitas apenas com câmaras de ionização. Somente em 1925, com o desenvolvimento do contador Geiger-Müller, foi possível evoluir com os trabalhos. "De qualquer forma, havia muitas limitações", relata Damy. "Pouco se sabia de eletrônica, os equipamentos eram primitivos, não se achavam os materiais necessários no mercado e foi preciso improvisar e adaptar tudo o que se precisava."

Segundo o cientista, com a influência dos físicos estrangeiros, criou-se uma espécie de "artesanato" na Universidade, que possibilitou o desenvolvimento da física experimental no Brasil e produziu cientistas de renome internacional, tais como César Lattes e Oscar Sala, dentre outros. Isso abriu caminho para a exploração das propriedades do núcleo atômico, que se sabia, desde os tempos de Rutherford, que continha grandes concentrações de energia, libertadas nos fenômenos de radioatividade.

Em 1938, juntou-se a essa pequena equipe o físico italiano Giuseppe Occhialini, que vinha do Laboratório Cavendish, em Cambridge (Inglaterra), como contratado pela Universidade de São Paulo. Ele defendia a necessidade de construção de aparelhos experimentais. "Trabalhava-se todos os dias, inclusive domingos e feriados, com o entusiasmo que possibilitou o grande avanço da física no Brasil, em tão pouco tempo", recorda-se Damy.

Assim, em 1941, os pesquisadores conseguiram, com instrumentos totalmente nacionais, observar pela primeira vez o fenômeno da produção de mésons em grupos simultâneos, emitidos em um processo nuclear único. Esse estudo trouxe a eles o reconhecimento da comunidade científica internacional.

Por outro lado, no Rio de Janeiro, Costa Ribeiro organizou o laboratório de física da Faculdade Nacional de Filosofia em 1939, na Universidade do Brasil. Em conjunto com outros cientistas, ele publicara também os primeiros trabalhos sobre o tema nuclear nos anais da Academia Brasileira de Ciências. Mas somente dez anos mais tarde organizou-se no Rio o Centro Brasileiro de Pesquisas Físicas, que investigava a radiação cósmica e alguns temas nucleares. Com a direção de César Lattes e sob a orientação de José Leite Lopes, a Instituição se propunha fazer o que a Universidade do Brasil não conseguira ainda realizar pela exigüidade de verbas.

Segredo de Estado

Desde a explosão da primeira bomba atômica, os cientistas brasileiros estavam atentos à potencialidade do uso da energia nuclear. Menos de um mês após a tragédia de Hiroshima, realizou-se um simpósio organizado pelo almirante Álvaro Alberto da Mota e Silva, que reuniu a elite dos físicos brasileiros com atuação na área. Nessa reunião, concluiu-se que o Brasil precisava se preparar urgentemente para não perder a linha de desenvolvimento mundial. E um grande esforço foi feito nessa direção.

Dessa forma, em 1951, foi instalado na Universidade de São Paulo o primeiro Betatron do Hemisfério Sul, o acelerador de elétrons, que também produz nêutrons. Pouco tempo depois, começou a funcionar também em São Paulo o acelerador Van De Graaff,

CIENCIAS e LETRAS
de FISICA

usado para acelerar íons positivos de deutério contra um alvo de trítio, possibilitando a ocorrência de uma reação nuclear. Havia um clima de grande euforia na pesquisa nuclear, apesar das dificuldades para obter tecnologia. O Prof. Marcello Damy conta que, após a explosão da bomba, todo o conhecimento na área passou a ser assunto de segurança nacional, restrito às grandes potências, e muitas informações — mesmo as mais simples — eram sonegadas.

Exemplo disso foram as dificuldades que Damy enfrentou quando instalou o Betatron no Brasil. Em 1945, não conseguiu adquirir nos Estados Unidos o material necessário, o índio metálico, pois tanto ele, como o ródio e o berílio, tinham fornecimento proibido. "Descobrimos uma loja que vendia uma solda com 30% de índio. Compramos três quilos dela e separamos a quantidade que precisávamos no Brasil", conta ele, que conseguiu superar deste modo a restrição norte-americana.

Quando se concluiu a instalação do Betatron no início da década de 50, havia se organizado na Universidade de São Paulo uma equipe de 30 físicos altamente especializados. Pouco tempo depois, ela seria recrutada para instalar no Brasil o primeiro reator nuclear.

Marcello Damy de Souza Santos trabalha nos anos 50 com o Betatron, aparelho que acabara de instalar, no então departamento de Física da Faculdade de Filosofia, Ciências e Letras (USP), em São Paulo.

Em um terreno em São Paulo, próximo ao Instituto Butantã, em um local onde ainda pastavam animais, foi instalado, em apenas onze meses, o primeiro reator de pesquisas brasileiro. Até hoje, esse prazo é um recorde internacional para esse tipo de construção. A Cidade Universitária era então um imenso espaço vazio, onde se erguia apenas o prédio do Instituto de Pesquisas Tecnológicas (IPT).

Havia razão para tanta pressa. Em 1956, os Estados Unidos, através do Programa "Átomos para a Paz", se comprometeram a doar um reator a ser utilizado para fins pacíficos ao primeiro país que o montasse e pusesse em funcionamento em um ano. O Conselho Nacional de Pesquisas resolveu aceitar o desafio e convocou a equipe da Universidade de São Paulo para realizar a tarefa. Marcello Damy foi encarregado de presidir a comissão que escolheu o tipo de reator e criou o Instituto de Energia Nuclear (IEA), hoje IPEN - Instituto de Pesquisas Energéticas e Nucleares, em 30 de agosto de 1956 (ver box na página 53).

Foi escolhido um reator de piscina, por ser o mais seguro — até hoje não se conhece nenhum acidente com este tipo — e o mais barato. Tem ainda a grande vantagem de produzir alto fluxo de nêutrons com um pequeno consumo de urânio, porque este material é levemente enriquecido a 20%. Acreditava-se que, se o sistema de refrigeração do núcleo fosse alterado, poder-se-ia trabalhar com um fluxo mais elevado de nêutrons, indispensável nos programas autônomos de energia nuclear para fins pacíficos.

O projeto enfrentou, no entanto, muita oposição. Um grupo de físicos teóricos criticava a implantação de um reator dos Estados Unidos, pois o país ficaria na dependência tecnológica daquele país. Outros diziam que ele poderia explodir, matando milhares de pessoas, e levaram o debate até a Assembléia Legislativa de São Paulo. Além disso, durante algum tempo, os

preços dos terrenos localizados nas imediações de onde seria construído o reator caíram drasticamente.

Mas, apesar das críticas, o empreendimento foi efetuado. Para a implantação do reator, obteve-se a importante colaboração dos técnicos da Universidade de Michigan (EUA), que forneceram o modelo do projeto geral do prédio, pois estavam construindo um semelhante, mas com nível mais baixo de potência. O brasileiro foi projetado para trabalhar com 5 megawatts em regime contínuo, podendo atingir até o dobro em dez horas de funcionamento.

A empresa norte-americana Babcok & Wilcox venceu a concorrência internacional para o fornecimento do reator. Um dos maiores problemas era instalar uma piscina dentro de uma armação de concreto, com paredes cuja espessura fosse capaz de resistir à radiação. Mais uma vez entrou em ação a criatividade brasileira, usando-se chapas de aço para evitar infiltrações de água radioativa no concreto.

As obras realizaram-se em ritmo acelerado e em 25 de janeiro de 1958 o presidente Juscelino Kubitschek acionou a alavanca que pôs em funcionamento o reator nuclear IEA-R1, colocando o país na era atômica. Nesse dia da inauguração, foi necessário colocar soldados do Exército nos postes da linha de transmissão de energia elétrica, porque havia ameaças de sabotagem. A oposição cessou, no entanto, quando ele começou a funcionar, abrindo uma grande possibilidade de se trabalhar com isótopos radioativos. Graças ao empreendimento, o Brasil foi, durante muito tempo, o principal fornecedor desse material na América Latina.

Aspecto da Cidade Universitária (São Paulo) em 1965, destacando-se ao fundo o prédio do primeiro reator nuclear construído no Brasil.

IPEN: quarenta anos a serviço da energia nuclear

O IPEN (Instituto de Pesquisas Energéticas e Nucleares) foi criado em 1956 com o nome de Instituto de Energia Atômica. Atualmente é uma autarquia subordinada à Secretaria da Indústria, Comércio, Ciência e Tecnologia de São Paulo e associada à Universidade de São Paulo, que efetua trabalhos no campo nuclear e treinamento de técnicos especializados. Para executar suas atividades de pesquisa científica, desenvolvimento tecnológico e produção experimental, opera em três áreas: materiais e ciclo de combustível, reatores nucleares e aplicações de energia nuclear.

O principal equipamento do IPEN é o seu reator de pesquisa IEA-R1, tipo piscina, moderado à água leve que vem operando desde 1958, sem apresentar um único acidente. Hoje ele trabalha durante oito horas em cinco dias por semana em potência de 2 megawatts. É utilizado para a produção de fontes radioativas de aplicação industrial, principalmente Cobalto-60 e Irídio-192.

A produção de radioisótopos é feita através de diversos tipos de elementos, localizados no núcleo do reator. Um sistema pneumático de irradiação de amostras é utilizado principalmente para a produção de "traçadores" para radioquímica. Anualmente, são irradiadas 10 mil amostras pela equipe de operação.

Fontes: Secretaria da Indústria, Comércio e Tecnologia do Estado de S. Paulo e Instituto de Pesquisas Energéticas e Nucleares, IPEN, 1982.

Reator atômico

Janeiro, 1958. Juscelino Kubitschek inaugurou o reator atômico da Cidade Universitária – o primeiro que entra em funcionamento na América Latina. (O Estado de S. Paulo)

DIVISÃO DE ARQUIVO DO ESTADO/1958

O presidente Juscelino inaugurando o reator atômico da Cidade Universitária, em São Paulo

O presidente Juscelino Kubitschek aciona a alavanca para colocar em funcionamento o primeiro reator brasileiro na sua inauguração oficial em 25 de janeiro de 1958, observado por Jânio Quadros, então governador de Sao Paulo.

Capa do cardápio do almoço comemorativo da inauguração oficial do primeiro reator nuclear brasileiro, em janeiro de 1958.

Instituto
de
Energia Atômica
São Paulo — Brasil

Inauguração Oficial
do
Reator Nuclear

25 de Janeiro de 1958

O Brasil na era atômica

"Um povo que não desenvolva
a sua ciência e a sua tecnologia
está fadado a transformar-se
em carregadores de lenha
e de latas de água
para os povos civilizados."

Lorde Rutherford

O Instituto de Energia Atomica, em nome da Universidade do Estado de São Paulo, do Conselho Nacional de Pesquisas e da Comissão Nacional de Energia Nuclear, convida Vossa Excelência para o ato de inauguração do Reator de Pesquisas, que, com a presença do Excelentíssimo Senhor Presidente da República, será levado a efeito no dia 25 de Janeiro às 11.00 horas na Cidade Universitária.

Convite para a inauguração do primeiro reator nuclear brasileiro em 25 de janeiro de 1958, cuja instalação gerou inumeros protestos da população de São Paulo.

O programa nuclear brasileiro

Com a evolução dos estudos nucleares, o Brasil já sentia a falta de um organismo oficial que, a exemplo de outros países, gerenciasse as pesquisas nessa área. Tais assuntos ficaram a cargo do Conselho Nacional de Pesquisas, que começou a funcionar efetivamente em 1951, após o presidente Getúlio Vargas ter designado uma comissão de professores e cientistas para elaborar o seu projeto de lei.

Durante muitos anos, foi grande a influência do CNPq nas atividades de pesquisa, através do elevado número de comunicações científicas e trabalhos publicados e da concessão de bolsas de estudo. Dentre suas atribuições nas diversas áreas científicas estavam "a investigação e a industrialização da energia atômica e suas aplicações". Desde então, a instituição vem se destacando no desenvolvimento e transferência de tecnologia de ponta, bem como na formação de pessoal especializado.

O CNPq foi presidido desde a sua criação, até 1955, pelo almirante Álvaro Alberto da Mota, que procurou implementar o "princípio das compensações": o Brasil forneceria as matérias-primas nucleares aos países interessados, desde que recebesse em troca tecnologia e equipamentos para o desenvolvimento da indústria nuclear brasileira.

Esta política teve forte oposição, principalmente dos Estados Unidos. Apesar disso, conseguiu-se obter em 1953, na Alemanha, três centrífugas para o enriquecimento de urânio. Após inúmeras dificuldades para importação, os equipamentos foram finalmente instalados no Instituto de Pesquisas Tecnológicas de São Paulo, onde estão até hoje.

Em 1956, o governo brasileiro resolveu criar a Comissão Nacional de Energia Nuclear (CNEN), para gerir os assuntos nucleares. Cabia à instituição estudar a política para fins pacíficos mais adequada ao interesse e à segurança nacional. Nos seus fundamentos estão o de estabelecer a colaboração na área com países mais adiantados e os da América Latina, instalar uma indústria nuclear no país e colaborar pela proscrição de armas nucleares, em defesa da paz mundial.

Nessa época, além dos físicos de renome internacional, o Brasil contava com dois institutos especializados, o IEA, em São Paulo, e o Instituto de Pesquisas Radioativas de Belo Horizonte (MG), criado em 1956 sob inspiração do CNPq. Em torno deles avançavam os trabalhos buscando soluções nacionais para a tecnologia nuclear diante do bloqueio existente para sua obtenção externa. Uma terceira instituição congênere seria criada em 1963 na Universidade Federal do Rio de Janeiro: o Instituto de Engenharia Nuclear.

Selo comemorativo do Programa "Átomos pela Paz", no Brasil, em 1963.

CNEN: apoiando o uso pacífico da energia nuclear no Brasil

A Comissão Nacional de Energia Nuclear foi criada em 10 de outubro de 1956, com o objetivo de trabalhar pelo uso pacífico da energia nuclear, a serviço do desenvolvimento econômico, científico e tecnológico do país. Atua como órgão de orientação, planejamento, supervisão e fiscalização na área nuclear. Promove também pesquisas científicas, cujos resultados estão cada vez mais presentes no cotidiano das pessoas.

Para efetuar esse trabalho, conta com três diretorias: Radioproteção e Segurança Nuclear, que se encarrega da proteção ao público, dos profissionais e das instalações que utilizam radiações; Pesquisa e Desenvolvimento, voltada para a produção de tecnologia para o setor, como geração de energia e aplicações de técnicas nucleares na medicina, na agricultura e na indústria e, finalmente, a área de Apoio Logístico, que se ocupa da formação de recursos humanos, dos sistemas de informação e do apoio técnico-operacional, necessários ao bom funcionamento da instituição.

A CNEN possui quatro institutos de pesquisas a ela vinculados: o Instituto de Radioproteção e Dosimetria, o Instituto de Engenharia Nuclear, ambos no Rio de Janeiro, o Instituto de Pesquisas Energéticas e Nucleares, em São Paulo, e o Centro de Desenvolvimento da Tecnologia Nuclear, em Minas Gerais. Possui ainda laboratórios em Poços de Caldas (MG) e três distritos regionais: Angra dos Reis (RJ), Goiânia (GO) e Fortaleza (CE) para dar suporte às atividades nucleares realizadas próximo dessas localidades. No Recife (PE), foi criado o Centro Regional de Ciências Nucleares, que serve como pólo de referência para pesquisas, desenvolvimento e controle nas regiões Norte e Nordeste do país.

Através do escritório em Brasília (DF), a CNEN fiscaliza a coleta de rejeitos radioativos, apóia atividades da vigilância sanitária e atende a eventuais situações de emergência na região. Em 1997, a instituição inaugurou em Abadia de Goiás (GO) o depósito definitivo para armazenar 40% dos rejeitos gerados no acidente com o Césio-137 ocorrido na região. Para realizar o acompanhamento do repositório e o controle ambiental da área foi construído o Laboratório de Radioecologia.

Ao longo de 40 anos de história, a CNEN proporcionou muitos benefícios à sociedade, principalmente pelo incentivo dado às aplicações de técnicas nucleares na medicina, na indústria, na agricultura e no meio ambiente. O CENA, em Piracicaba (SP), é um exemplo vivo desse apoio: desde a sua fundação, nos longínquos anos 60, até hoje, vem recebendo desse órgão suporte necessário ao seu desenvolvimento.

Sede da Comissão Nacional de Energia Nuclear no Rio de Janeiro: responsável pelo gerenciamento do Programa Nuclear Brasileiro.

Monopólio estatal

Paralelamente, desenvolveram-se os primeiros trabalhos para definir as principais reservas brasileiras de minerais nucleares, que se acreditava ser, no final de 50, uma das maiores do mundo. Nesta tarefa, o país estabeleceu convênios com os Estados Unidos e a França que tiveram como resultado a organização do departamento de exploração mineral da CNEN e a formação de uma geração de técnicos especializados na pesquisa de materiais radioativos.

O maior evento desse período foi sem dúvida a decretação do monopólio estatal sobre minérios e materiais nucleares, em 1962. Pela lei, ficou definido que somente o governo brasileiro, através da CNEN, poderia pesquisar, lavrar e processar tais materiais, em detrimento das empresas privadas que também intervinham na questão.

O país fechou a questão no monopólio estatal sobre as suas reservas de minérios radioativos, mas ainda discutia a linha de reatores mais adequada às condições nacionais. O IEA estudava reatores a gás, o IEN investigava reatores rápidos e o IPR defendia os reatores a tório, dando origem ao famoso Grupo do Tório. Com a Reforma Administrativa do governo, em 1967, que colocou a CNEN no âmbito do Ministério das Minas e Energia, e principalmente, com as Diretrizes da Política Nuclear, baixadas em dezembro do mesmo ano, começou um novo período na história nuclear brasileira.

O Brasil teve também muitos problemas diplomáticos, quando se recusou a assinar o Tratado de Não-Proliferação de Armas Nucleares, aprovado pela ONU em junho de 1968, ao lado da França, Argentina, Índia, Israel, entre outros. Embora a política brasileira tenha sempre se voltado para a paz, considerou-se na ocasião que o "o Tratado não estabelecia um balanço aceitáve entre os direitos e obrigações das nações nucleares e não-nucleares".

Mais felizes foram os esforços brasileiros para transformar o conjunto da América Latina em zona não-nuclear. O Tratado de Tlatelolco foi assinado em 1967 pelas nações do continente, proibindo as explosões de armas nucleares e exigindo dos outros países que respeitassem esse compromisso.

No âmbito interno, os esforços caminhavam no sentido de incentivar a pesquisa mineral e os estudos técnico-industriais. Para tanto, foi criada em 1969 a Companhia de Pesquisas de Recursos Naturais (CPRM), que dotou o setor mineral do governo de um instrumento para execução de trabalhos geológicos e a Companhia Brasileira de Tecnologia Nuclear (CBTN), em 1971, diretamente subordinada à CNEN.

A CBTN incorporou o IPR, o IEN e o Instituto de Dosimetria e fez em 1973 um levantamento do potencial da indústria nacional, que concluiu serem boas as condições do país para suportar o desenvolvimento de um programa de instalação de reatores nucleares. Em dezembro de 1974, esta empresa foi transformada em Nuclebrás (Empresas Nucleares Brasileiras S/A.).

A primeira usina

As idéias iniciais para a instalação de uma usina nuclear no Brasil surgiram em 1956 nos escritórios da American and Foreign Power (AMFORP), empresa norte-americana que cuidava da distribuição da energia elétrica em vários Estados brasileiros. Pensou-se em instalar uma pequena unidade de produção de 10 megawatts em Cabo Frio (RJ), mas o empreendimento foi abandonado devido ao seu alto custo.

A CNEN, recém-criada, também pensava na construção de uma usina de 150 *megawatts* em Mambucaba, próximo a Angra dos Reis (RJ), mas desistiu da idéia, pois o projeto não foi considerado prioritário. Em meados de 60, porém, começou a crescer a preocupação com a necessidade de o Brasil recorrer a fontes de energia alternativas para sustentar o seu desenvolvimento. E a energia nuclear, cuja indústria se encontrava florescente em todo o mundo, parecia uma solução viável.

Em meados da década de 70, o "Plano 90", elaborado pela Eletrobrás, fazia projeções do consumo brasileiro de energia elétrica e indicava a possibilidade de esgotamento dos recursos disponíveis nos anos 90, principalmente na Região Sudeste do país. Uma solução seria transferir a energia da Amazônia, exigindo altos investimentos em rede de transmissão e na aplicação de tecnologia sofisticada. Outra alternativa era o aproveitamento das grandes reservas brasileiras de carvão para a instalação de usinas térmicas, o que acarretaria problemas de poluição nas regiões mais densamente povoadas do Sudeste do país.

A terceira opção, recomendada explicitamente no "Plano 90", era a implantação de uma série de centrais nucleares. Uma comissão integrada por diversos órgãos governamentais decidiu implantar, em abril de 1970, a primeira usina na região Sudeste, na pequena praia de Itaorna, perto de Angra dos Reis (RJ), através da Furnas Centrais Elétricas, uma subsidiária da Eletrobrás. Ela teria um reator arrefecido e moderado a água leve, usando urânio levemente enriquecido como combustível.

Em 1972, após processo de licitação internacional, Furnas fechou contrato com a Westinghouse Eletric Corporation para construção de usina com potência líquida de 626 megawatts elétricos. As obras da Central Nuclear Almirante Álvaro Alberto, ou Angra 1, como ficou mais conhecida, iniciaram-se naquele mesmo ano, com previsão de término para o início de 80. Este acordo foi muito criticado, porque não previa o repasse de tecnologia ao Brasil.

O acordo com a Alemanha

Mais polêmico ainda foi o acordo de cooperação nuclear assinado em 1974 entre os governos brasileiro e alemão, considerado até hoje o maior contrato comercial já realizado no setor em todo o mundo. Através dele, as empresas alemãs se comprometiam a transferir a tecnologia da construção e operação dos reatores e a de enriquecimento do urânio. O programa nuclear foi apresentado pelo governo militar brasileiro como sendo a "redenção nacional no campo da energia". Tinha metas ambiciosas, estimando até o ano 2000 colocar em funcionamento 58 reatores em operação, com potência total de 75 milhões de quilowatts.

Na realidade, são vários os acordos de cooperação nuclear com a Alemanha: o mais conhecido é o "Acordo Quadro", assinado em 27 de junho de 1975, que define a cooperação entre os dois países na área da prospeção, extração e processamento de minérios de urânio, a construção de reatores nucleares e das instalações necessárias, o enriquecimento de urânio e a produção de elementos combustíveis. Havia ainda acordos complementares nas áreas de engenharia de equipamentos, projetos da usina, entre outros. O programa, com duração de dez anos, previa ainda a formação de pessoal especializado, envolvendo cerca de 10 mil técnicos em nível médio e superior.

No ano seguinte, a Nuclebrás assinou o contrato de compra e financiamento dos equipamentos importados para mais duas usinas, Angra 2 e 3, com um consórcio de bancos alemães. A segunda usina brasileira começou a ser construída, mas teve suas obras paralisadas pouco tempo depois. A terceira teve de ser adiada por

Complexo nuclear em Angra dos Reis, Rio de Janeiro.

questões de segurança, pois o terreno de Itaorna apresentava falhas geológicas.

Para suprir as necessidades de Angra 1, 2 e 3 foram iniciadas pesquisas de urânio no município de Caldas (MG), considerada, em meados de 60, a principal reserva brasileira. Ali, a Nuclebrás instalou, a partir de 1978, um complexo industrial para produzir 500 toneladas anuais daquele minério. Outras áreas com potencial de fornecimento localizavam-se em Figueira (PR), Campos Belos (GO), Lagoa Real, no interior da Bahia, e Itatiaia (CE).

O acordo com a Alemanha gerou inúmeras críticas. A comunidade científica, que não foi consultada na decisão, revelou que ele não daria autonomia ao Brasil, pois, além de apresentar custos excessivos, o país continuaria sob dependência tecnológica daquele país. O processo de enriquecimento por jatocentrifugação também apresentou dificuldades técnicas. Havia ainda problemas políticos, não só dentro do país, mas também no exterior: por sua causa, as relações diplomáticas com os Estados Unidos ficaram seriamente abaladas.

Demanda energética

No início da década de 80, o programa nuclear brasileiro já estava comprometido, apesar de a Nuclebrás continuar firme na decisão de construir mais duas usinas, desta vez na região de Iguape (SP). Muitas manifestações contrárias foram efetuadas por diversos segmentos da sociedade. Em janeiro de 1983, o presidente João Baptista Figueiredo declarava que "com extrema amargura mandara suspender o início das obras das usinas de Iguape I e II, que deveriam funcionar a partir de 1991".

O programa nuclear entrou, então, em fase de indefinição até 1988, quando o governo civil de José Sarney determinou a transformação da Nuclebrás em Indústrias Nucleares do Brasil (INB). Foi transferida também para a Eletrobrás a tarefa de construir novas usinas nucleares. A CNEN saiu fortalecida, pois teve suas atividades ampliadas, passando inclusive a administrar o que restava do Acordo Nuclear Brasil-Alemanha.

Atualmente, a Usina Angra 1 continua funcionando, apesar das inúmeras paralisações durante estes 20 anos. O país continua pagando anualmente meio bilhão de dólares de *royalties* pela aquisição do pacote de oito usinas nucleares. A fábrica de urânio em Poços de Caldas (MG) está paralisada por falta de pedidos. Além disso, a INB gasta 40 milhões de dólares por ano para guardar nos seus galpões cerca de 40 mil toneladas de equipamentos importados, ainda sem uso.

A solução nuclear para resolver a demanda energética ainda não foi descartada, apesar dos inúmeros problemas apresentados até agora. O físico da CNEN Luiz Hiroshi Sakamoto explica que a instalação de uma unidade demora de 15 a 20 anos, e nesse prazo se enquadra o programa brasileiro. "Assim, dentro de cinco anos, quando começar a escassear a energia na região Sudeste do país, estará na hora de entrar em funcionamento a segunda central nuclear brasileira, aproveitando-se a experiência acumulada em todos esses anos", diz ele (*Revista Brasil Nuclear,* 1994).

Com esta linha de pensamento, o presidente brasileiro Fernando Henrique Cardoso anunciou em julho de 1996 a retomada das obras da Usina Angra II, dentro do pacote de 50 obras prioritárias previstas até o término do seu governo, em 1998. Para tanto, pretende-se aplicar recursos provenientes do BNDES (Banco Nacional de Desenvolvimento Social) e de financiamentos externos.

Operários trabalham na construção da Usina Angra II (Rio de Janeiro), que deve entrar em operação em 1999.

Complexo de Angra: a maior aventura atômica brasileira

A Central Nuclear Almirante Álvaro Alberto (CNAAA), operada pela Furnas Centrais Elétricas S/A, ocupa uma área de 300 hectares na aprazível praia de Itaorna, em Angra dos Reis (RJ). Engloba as Usinas de Angra I, II e III. A primeira delas começou a ser implantada em 1976 e foi sincronizada ao sistema elétrico pela primeira vez em 2 de abril de 1982. Mas só em janeiro de 1985 entrou efetivamente em operação comercial. Desde então, produziu cerca de 17,9 bilhões de Kwh. Isto equivale aproximadamente a fornecer energia elétrica para o consumo residencial por dez anos a uma cidade de três milhões de habitantes.

No auge da implantação da usina, cerca de 10 mil operários trabalharam na sua construção. Após uma parada programada para troca de combustível e manutenção preventiva em março de 1996, ela voltou a operar em agosto do mesmo ano, com uma potência bruta de 657 MW, ou seja, com 50% de sua capacidade.

Esta potência é aumentada sempre que o sistema requer um aumento de geração elétrica na região Sudeste do país, visando principalmente evitar problemas de abastecimento no Estado do Rio de Janeiro. A energia produzida é entregue ao sistema interligado de Furnas, que abrange, além da região Sudeste, parte das regiões Sul e Centro-Oeste.

Em março de 1996 foram retomadas as obras da usina Angra II. Faltam ainda 25% do empreendimento para serem concluídos. As obras estão a cargo de um consórcio integrado denominado Unamom, que reúne as empresas responsáveis pelo pacote nuclear, convencional, elétrico e de instrumento.

Se depender da Eletrobrás, a usina nuclear de Angra III começará a ser construída em 1998 e entrará em operação em 2005. Sua conclusão consta do planejamento da empresa para atendimento do consumo de energia, principalmente no Estado do Rio de Janeiro. Já foram gastos US$ 1,5 milhão nesta usina nos trabalhos de escavação e aquisição de 42% dos seus equipamentos. Atualmente a Nuclen (Nuclebrás Engenharia) está revendo o seu projeto — parado desde a década passada — com o objetivo de reduzir seus custos.

Fonte: Furnas-Centrais Elétricas S/A; Ministério da Educação e Ministério de Minas e Energia, 1980; Simon, D.N & outros; Meneses, 1988; Revista *Ciência Hoje*. Revista *Brasil Nuclear*; ABEN (Associação Brasileira de Energia Nuclear), 1994, 1995; Biasi, 1979; Instituto de Pesquisas Energéticas e Nucleares, 1994.

Capa do catálogo oficial do CENA nos anos setenta.

III
A Concretização de uma Idéia

Do esforço e dedicação de um grupo de professores da Escola Superior de Agricultura "Luiz de Queiroz", da Universidade de São Paulo, surge o CENA no ano de 1966, em Piracicaba, no interior do Estado: uma instituição pioneira na América Latina, inteiramente voltada para a pesquisa avançada na utilização da energia nuclear na agricultura.

As primeiras tentativas de aplicação da energia nuclear no Brasil como instrumento nas pesquisas agronômicas surgiram no início dos anos 50, na Escola Superior de Agricultura "Luiz de Queiroz". Ela se localiza em Piracicaba, cidade a 152 quilômetros da capital de São Paulo, que conta hoje com aproximadamente 300 mil habitantes. Estes experimentos pioneiros dariam origem, dez anos mais tarde, ao Centro de Energia Nuclear na Agricultura (CENA).

A ESALQ — terceira mais antiga escola de agronomia do país — leva o nome de seu fundador, Luiz de Queiroz, um aristocrata com idéias arrojadas, que, em finais do século passado, decidiu instalar na região uma escola agrícola. Para tanto, arrematou uma propriedade rural denominada fazenda São João da Montanha e iniciou as obras, trazendo técnicos e importando equipamentos do exterior. Devido ao grande volume de investimentos necessários, decidiu doar o empreendimento para o governo do Estado. Morreu sem ver a escola entrar em funcionamento, o que ocorreu precariamente em 1901, com apenas 14 alunos.

Mas o embrião deixado não parou mais de crescer: em 1925, a ESALQ passou a expedir diplomas de curso superior e, dez anos mais tarde, integrou-se à recém-criada Universidade de São Paulo. Em 1985, após ter formado quase sete mil alunos, foi elevada à categoria de *campus* universitário, englobando também o CENA.

No decorrer de sua existência, a ESALQ cresceu tanto em extensão, acumulando cerca de quatro mil hectares, como também em área construída. Possui atualmente mais de 150 mil metros quadrados em edifícios, laboratórios, hortos, viveiros e campos experimentais. Os prédios foram erguidos entre as árvores de um imenso parque, que conserva até hoje as características origi nais do magnífico paisagismo inglês, constituído por imensos gramados contornados por bosques heterogêneos, que abrigam uma das mais completas coleções de espécies vegetais do país.

Vista parcial da Escola Superior de Agricultura "Luiz de Queiroz" em Piracicaba (SP): quase um século de ensino e pesquisa em agronomia.

A ESALQ vem acumulando ao longo de sua história um vasto acervo de estudos agronômicos, que contribuíram muito para o desenvolvimento da agricultura brasileira. Ali se instalou, por exemplo, um importante centro de pesquisa na produção de tecnologia de açúcar e álcool. Muito tempo antes de se tornar uma realidade, já se considerava ali a possibilidade de aproveitamento agrícola dos cerrados. Efetuava-se também o controle biológico e genético de variadas doenças e pragas de culturas tropicais.

Graças também aos estudos de introdução de novas variedades, é possível produzir no Brasil muitas hortaliças durante todo o ano. Algumas frutas, como a laranja *baianinha, a pira-lima*, alguns tipos de manga e até a tâmara, foram desenvolvidas nos laboratórios da ESALQ. De lá saíram ainda um milho mais produtivo e de melhor aparência e uma cana-de-açúcar mais resistente a doenças.

Primeiros tempos

Neste fértil campo de investigação científica surgiu, a partir de 1953, um grupo de interessados no assunto nuclear. Atentos às novidades publicadas nas revistas internacionais, eles tomaram conhecimento do imenso potencial desta fonte de energia na pesquisa agronômica e resolveram aplicá-la no Brasil. Desta forma, enquanto as cadeiras de física e química efetuavam os primeiros experimentos com radioisótopos, a de genética se interessava pela técnica de indução de mutações por radiação.

Na opinião do professor Eurípedes Malavolta, foi muito importante para a realização dessas pesquisas o apoio do então diretor da ESALQ, o professor José de Melo Moraes, para o quem o futuro da agricultura estava baseado no desenvolvimento da genética e da energia

Participantes do primeiro curso brasileiro de Radioisótopos na Agricultura, realizado em 1955, na ESALQ.

1. Edmar J. Kiehl; 2. Silvio Arzolla;
3. Otto J. Crocomo; 4. André M. L. Neptune;
5. Admar Cervellini; 6. Francisco A. F. Mello;
7. Moacyr O. Camponês do Brasil Sobº;
8. José D. P. Arzolla; 9. Henrique P. Haag;
10. Alexis Dorofeeff; 11. não identificado;
12. Jorge Leme Jr.; 13. Aristeu Mendes Peixoto;
14. José G. Borges; 15. Roberto Alvahydo;
16. Eurípedes Malavolta; 17. não identificado.

O professor Eurípedes Malavolta, pioneiro no uso de energia nuclear na Agricultura, em aula na Escola Superior de Agricultura "Luiz de Queiroz" nos anos 60.

nuclear. "Quando fui para a Universidade de Berkeley, na Califórnia, em 1952, ele me recomendou pessoalmente que estudasse muito este segundo tema", relembra ele, que se formou engenheiro agrônomo na ESALQ, em 1948, onde fez toda sua carreira universitária, até 1984, quando se aposentou como professor catedrático de química orgânica e química biológica.

Ainda hoje, Malavolta é colaborador do Centro de Energia Nuclear na Agricultura. Aos 70 anos, ele já publicou 33 livros e 350 trabalhos em revistas. Orientou também 23 alunos de iniciação científica e 78 em nível de pós-graduação. Naquela longínqua estada nos Estados Unidos nos anos 50, como investigador associado, o professor trabalhou com um pesquisador pioneiro, P. R. Stout, e verificou as diversas utilizações da energia nuclear. De volta ao Brasil, resolveu aplicá-la para terminar com uma dúvida surgida na cadeira de genética. Ali havia uma grande coleção de orquídeas e se queria saber como essas plantas absorviam o fertilizante fornecido.

Usando uma sobra de material importado, o zinco radioativo, que servira para um curso no Centro de Medicina Nuclear da Universidade de São Paulo, e um escalímetro emprestado da Faculdade de Medicina, Malavolta conseguiu provar que a adubação foliar era benéfica para as orquídeas. Esse trabalho, além de contribuir para o florescimento da coleção de plantas da genética, foi publicado em 1953 na *Revista da Agricultura* com o título "Noções sobre a Alimentação de Orquídeas" e pode ser considerado um dos primeiros efetuados com o uso de radioisótopos em plantas no Brasil.

Malavolta conta que, na época, a Fundação Rockfeller costumava doar equipamentos básicos aos exbolsistas de universidades norte-americanas para prosseguirem seus estudos nos países de origem. Desta forma, a cadeira de química da ESALQ recebeu um contador Geiger-Müller com escalímetro, um sistema de pipetagem à distância e monitor, que foram, segundo ele, dos primeiros a serem instalados no país.

Em 1956, a ESALQ recebeu a visita do professor norte-americano C.C. Delwiche, construtor do primeiro espectrômetro de massas na Universidade da Califórnia. Ele desembarcou com um pequeno protótipo do aparelho na bagagem, que não pôde ser utilizado: "O equipamento ficou seis meses retido na alfândega e a estadia do cientista no Brasil durou apenas quatro meses", conta Malavolta. De qualquer forma, Delwiche trouxe importantes contribuições e novidades no uso da técnica dos isótopos estáveis, utilizadas posteriormente nos trabalhos realizados em Piracicaba.

No pequeno cafezal existente atrás do Pavilhão de Química da ESALQ, onde lecionava, o professor Malavolta efetuou, em 1958, um trabalho sobre a absorção do superfosfato radioativo pelo cafeeiro para estudar a melhor localização do adubo para aquela cultura. Seria o primeiro experimento em condições de campo na América Latina. No ano seguinte, o professor Otto Jesu Crocomo, também da cadeira de química, concluiu sua tese de livre-docência, na qual pesquisava o metabolismo de aminoácidos do ciclo ornitina-uréia também no cafeeiro, utilizando radioisótopos.

O pesquisador Constant C. Delwiche, do IBEC Research Institute (USA), que veio ao Brasil em 1956 ensinar o uso da energia nuclear na agricultura, em Matão (SP).

Dificuldades iniciais

O titular da cadeira de física e meteorologia, Admar Cervellini, hoje com 75 anos, era outro grande entusiasta do uso da energia nuclear na agricultura. Um dos quatro filhos de imigrantes italianos que vieram trabalhar nas lavouras de café da região, ele se formou engenheiro agrônomo na ESALQ em 1945, pois a família não tinha recursos para mandá-lo estudar fora para seguir sua verdadeira vocação. Na verdade, sua grande paixão sempre foi a física. Recém-formado, conseguiu um emprego de biologista no laboratório da ESALQ e, com o dinheiro ganho, pôde realizar seu maior sonho: assistir como ouvinte às aulas do curso de física na Universidade de São Paulo.

Cervellini relata que, naquela época, a Cidade Universitária era um imenso matagal às margens do rio Pinheiros, onde se erguia, imponente, o prédio que abrigava o Betatron. Ali fez um grande amigo, o professor Marcello Damy de Souza Santos, orientador de sua tese de livre-docência e, que pouco tempo depois, seria o grande incentivador da idéia de criar um centro de pesquisas especializado no uso da energia nuclear na agricultura. "Através dele recebi a orientação e os primeiros equipamentos necessários às pesquisas", relembra ele. Foi Damy quem possibilitou a doação do primeiro laboratório de radioisótopos à cadeira de física e meteorologia da ESALQ.

Até hoje, o professor Marcello Damy se recorda de seu aplicado aluno. Por sua sugestão, Cervellini resolveu estudar as medidas absolutas de isótopos radioativos na tese de livre-docência. Ao fazer estas investigações, descobriu um fenômeno que influenciava muito a mensuração exata do número de partículas emitidas por uma fonte radioativa. "Este trabalho teve boa repercussão internacional e foi inclusive citado em um boletim publicado pela Comissão de Energia Nuclear dos Estados Unidos entre as principais pesquisas efetuadas em 1955", conta Damy.

Em meados de 50, a utilização da energia atômica em pesquisas era ainda um fato novo no Brasil. Somente a Faculdade de Medicina de São Paulo (USP) usava isótopos para diagnóstico de alguns tumores e para o tratamento do bócio com iodo radioativo. Sua aplicação na agricultura só era conhecida na literatura e o início do intercâmbio com os técnicos, principalmente norte-americanos, trouxe novas informações sobre a metodologia de isótopos.

Em 1961, Cervellini, juntamente com Anivaldo Pedro Cobra, Eneas Salati e José Goldemberg publicaram na *Revista de Engenharia* o trabalho "Utilização de Anéis Radioativos na Medida do Desgaste em Motores de Explosão". Neste experimento, usaram anéis de compressão de um motor irradiados com nêutrons, colocados a trabalhar na presença de diversos óleos, com e sem aditivos; em função do desgaste, parte da radioatividade dos anéis passava ao óleo, que era então medido com um contador de cintilação.

Verificou-se assim que a presença de aditivo reduzia o desgaste apenas quando o motor era submetido a funcionamento acelerado e que ele era mais acentuado no momento da partida do motor. O método poderia ser adaptado para medir o desgaste de diversas máquinas agrícolas. Esta pesquisa recebeu o prêmio Roberto Simonsen, concedido pelo Instituto de Engenharia, em São Paulo.

Segundo Cervellini, foi muito difícil executar este trabalho pioneiro. Para desenvolvê-lo, os cientistas receberam como doação o motor de uma indústria automobilística. Mas o longo processo de liberação na alfândega do material radioativo importado, considerado de alta periculosidade, quase impossibilitou a realização da experiência.

O professor Admar Cervellini mede a radiação solar direta no posto meteorológico da Escola Superior de Agricultura "Luiz de Queiroz", em fins de 50.

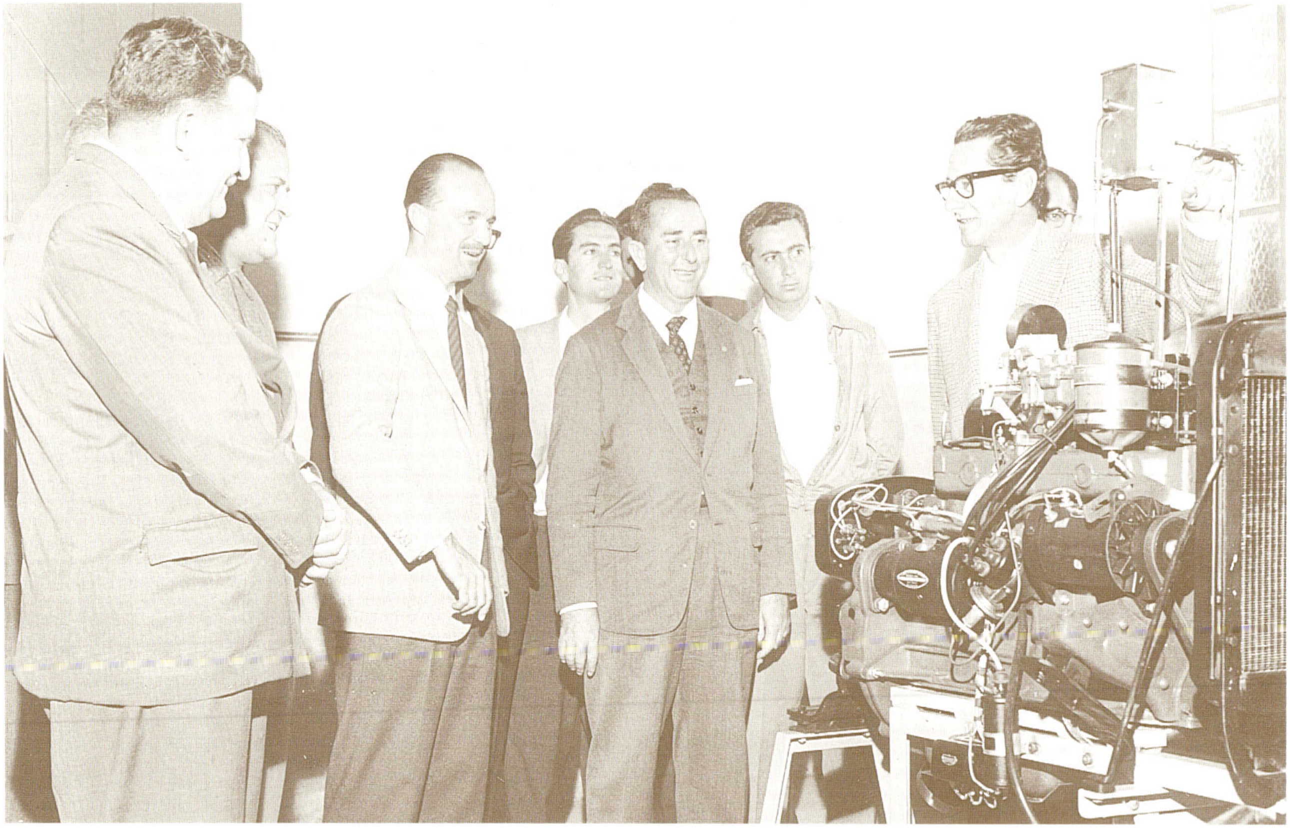

Admar Cervellini (último à direita) demonstra o trabalho efetuado para estudar o desgaste dos motores em 1965.

As dificuldades de execução das pesquisas não eram só essas. Ainda estudante do curso de agronomia, no final dos anos 50, o professor Otto Jesu Crocomo, hoje coordenador científico do Centro de Biotecnologia Agrícola (CEBTEC), órgão da ESALQ, criado por ele em 1981, se recorda de ter participado de vários experimentos com isótopos: "Devido à precariedade de recursos, parte deles se realizava no laboratório da cadeira de física, parte na de química e parte no Instituto Zimotécnico", conta. "Usávamos luvas e máscaras para nos proteger da radiação. No guarda-pó, tínhamos dependurada uma pequena placa de identificação, com um filme de raio X, sistematicamente mandado para análise, para verificação de possível contaminação por radioatividade."

Crocomo, que mais tarde seria o responsável pela seção Bioquímica de Plantas do CENA, relembra ainda ter participado de várias excursões nos campos experimentais da ESALQ com outros alunos, organizadas pelo professor André Martin Louis Neptune, já falecido. Eles saíam de madrugada, pincelando as folhas das plantas para pesquisar o caminho do enxofre radioativo e efetuar assim os estudos de nutrição e adubação com o emprego de radioisótopos.

Surge o CNENA

No início de 60, quando já havia quase vinte trabalhos efetuados na ESALQ com o auxílio da energia nuclear, começou-se a pensar em concentrar estas pesquisas em um único local. Desta forma, seria possível racionalizar o uso dos equipamentos existentes, aumentar a segurança dos laboratórios e promover maior integração entre os cientistas.

Após inúmeras reuniões, os professores encaminharam ao Conselho Técnico Administrativo da ESALQ a proposta para criação do Centro Nacional de Energia Nuclear na Agricultura (CNENA). Cervellini conta que o mais fácil foi definir o nome do novo centro. "Não foi inspirado em nenhum modelo, pois ninguém tinha visto nada parecido. Somente mais tarde conhecemos instituições semelhantes na Índia e na Iugoslávia", diz ele.

Logo se formou um grupo de pesquisadores pioneiros, do qual faziam parte, além de Cervellini, Almiro Blumenschein, Akihiko Ando, André Martin Louis

Assinatura do convênio entre a Comissão Nacional de Energia Nuclear (CNEN) e a Universidade de São Paulo (USP) em 1º de agosto de 1962, que criou o Centro Nacional de Energia Nuclear na Agricultura (CNENA).

Sentados:
Hugo de Almeida Leme (diretor da ESALQ) e Marcello Damy de Souza Santos (presidente da CNEN).

De pé: (da esquerda para a direita) Antonio Barros de Ulhoa Cintra, Jesus Marden dos Santos, Epaminondas Sansígolo de Barros Ferraz, Eurípedes Malavolta, Admar Cervellini e Eneas Salati.

Criação do Centro Nacional de Energia Nuclear na Agricultura

Será assinado hoje, às 11 hs., na Escola Superior de Agricultura 'Luiz de Queiroz', em Piracicaba, convênio entre a Universidade de São Paulo e a Comissão Nacional de Energia Nuclear para a criação do Centro Nacional de Energia Nuclear, na Agricultura, com sede naquele estabelecimento de ensino.

O presidente da CNEN, Prof. Marcelo Damy, firmará o convênio, devendo chegar hoje às 8,30 horas a Congonhas, de onde seguirá para Piracicaba.

Notícia no Diário Oficial do Estado de São Paulo (nº 170) de 1º de agosto de 1962, que informou a instalação do Centro Nacional de Energia Nuclear na Agricultura (CNENA), órgão precursor do CENA.

Neptune, Darcy Martins da Silva, Eneas Salati, Epaminondas Sansígolo de Barros Ferraz, Eurípedes Malavolta, Frederico Maximiliano Wiendl, Henrique Bergamin Filho, Klaus Reichardt, Otto Jesu Crocomo, Renato Amilcare Catani e Valdomiro Corrêa Bittencourt.

Segundo Henrique Bergamin, a atuação de Cervellini na instalação da instituição foi decisiva: "Seu desempenho pode ser comparado ao de um catalisador no processo químico: apressa as reações, traz os componentes e nem sempre participa. Às vezes sai, mas mesmo assim o processo não se interrompe sem ele", disse, em março de 1996.

O professor Bergamin formou-se engenheiro agrônomo na ESALQ, em 1955, onde concluiu também o doutorado em 1961. O pós-doutorado foi efetuado na Universidade de Illinois (EUA), em 1963. Aposentou-se em 1988, como professor titular. Foi um dos convidados para integrar a equipe do CENA na década de 70, onde atuou como colaborador até o final de 1996, quando faleceu subitamente, causando grande comoção no meio científico e acadêmico.

A instalação do CNENA como órgão da ESALQ foi referendada em setembro de 1961. A Congregação escolheu também os membros do Conselho Diretor: os professores catedráticos Admar Cervellini, Renato Amilcare Catani, Tufi Coury, Eurípedes Malavolta, Jacob Bergamin e Hugo de Almeida Leme, sendo este último diretor da Escola, de acordo com o relato do professor Epaminondas Sansígolo de Barros Ferraz, que participou de todo o processo de formação e desenvolvimento da instituição.

Ferraz trabalha hoje como colaborador do CENA. É engenheiro agrônomo pela ESALQ (1958), onde foi contratado em 1960 como assistente da cadeira de física e meteorologia, aposentando-se como professor titular. Segundo ele, desde o início, pensava-se em utilizar o novo Centro não só para a realização de pesquisas, mas também para a formação de pessoal especializado, através de cursos teóricos e práticos e promovendo ainda o intercâmbio com outros técnicos.

Na sua primeira reunião, o Conselho Diretor do CNENA definiu como pontos básicos do seu programa: conseguir sua legalização nas esferas estadual e federal, estabelecer convênios com a CNEN, construir um prédio próprio, efetuar um curso de aplicação de energia nuclear na agricultura com a participação de técnicos de toda a América Latina e, finalmente, buscar apoio efetivo da Agência Internacional de Energia Atômica.

Em 1° de agosto de 1962, com objetivos e programa definidos, o CNENA foi oficializado, através da assinatura do convênio entre os professores Marcello Damy de Souza Santos, presidente da CNEN, Antonio Barros de Ulhoa Cintra, Reitor da USP, e Hugo de Almeida Leme, diretor da ESALQ. Nos seus dois anos de funcionamento, o órgão conseguiu desenvolver algumas pesquisas pioneiras, além de realizar cursos internacionais, estabelecer contatos com outros cientistas brasileiros, conseguindo a instalação de diversos equipamentos.

UNIVERSIDADE DE SÃO PAULO
ESCOLA SUPERIOR DE AGRICULTURA "LUIZ DE QUEIROZ"
PBX - 3067 - 3068 - 3069 - 12 RAMAIS – CAIXA POSTAL 9
PIRACICABA – ESTADO DE SÃO PAULO

Nº 2430
-Secretaria-
Far

Piracicaba, 18 de maio de 1962.

Magnífico Reitor.

Tenho o grato prazer de me dirigir a Vossa Magnificência para passar às suas dignas mãos, para os devidos fins, o incluso Convênio, em 5 vias, a ser celebrado entre a Comissão Nacional de Energia Nuclear e a Universidade de São Paulo, objetivando criar na "Luiz de Queiroz" o Centro Nacional de Energia Nuclear da Agricultura.

Tal providência, deve ser ressaltada, é tomada depois de apreciado pelo Conselho Técnico Administrativo e pela douta Congregação da Escola o Convênio a ser celebrado com tão elevados objetivos, para assegurar a possibilidade de a "Luiz de Queiroz" contar com um vasto campo de ação no que diz respeito ao emprêgo da energia nuclear no desenvolvimento e na melhoria da nossa agricultura.

Dessa forma, espera esta Diretoria que Vossa Magnificência dê atenção preferencial ao assunto de forma que, dentro em breve, seja uma realidade aquilo que se tem em mira criar nesta Escola.

Agradecendo o acolhimento que for dispensado ao presente, valho-me do ensejo para renovar a Vossa Magnificência os protestos de minha elevada estima e distinta consideração.

Prof. Hugo de Almeida Leme
Diretor.

Ao Exmo. Sr. Prof. Antonio Barros de Ulhôa Cintra,
Magnífico Reitor da Universidade de São Paulo
São Paulo.-

Ofício do Diretor da ESALQ, Hugo de Almeida Leme, encaminhando o convênio celebrado entre a Comissão Nacional de Energia Nuclear e a Universidade de São Paulo para a criação do CNENA, em 1962.

Diário Oficial de 23/setembro/66

DECRETO N.º 46.794, DE 22 DE SETEMBRO DE 1966

Cria Instituto Anexo à Escola Superior de Agricultura "Luiz de Queiroz" da Universidade de São Paulo.

LAUDO NATEL, GOVERNADOR DO ESTADO DE SÃO PAULO, usando de suas atribuições legais e nos têrmos do decidido pelo Conselho Universitário da Universidade de São Paulo, em sessões de 9 de agôsto e 18 de outubro de 1965 e 12 de setembro de 1966 e pelo Conselho Estadual de Educação em sessão de 22 de agôsto de 1966, baixa o seguinte:

Decreto:

Artigo 1.º — Fica criado e incluído na enumeração do artigo 9.º da Consolidação dos Estatutos da Universidade de São Paulo, como Instituto Anexo à Escola Superior de Agricultura "Luiz de Queiroz", o Centro de Energia Nuclear na Agricultura (C.E.N.A.).

Artigo 2.º — As despesas decorrentes da execução do presente decreto correrão à conta do orçamento vigente.

Artigo 3.º — Este Decreto entrará em vigor na data de sua publicação.

Palácio dos Bandeirantes, 22 de setembro de 1966.

LAUDO NATEL

Luis Antonio da Gama e Silva — Reitor

Publicado na Diretoria Geral da Secretaria de Estado dos Negócios, do Govêrno, aos 22 de Setembro de 1966.

Vicente Checchia — Diretor Geral, Substituto

Cópia do Diário Oficial de São Paulo de 23 de setembro de 1966, que criou o Centro de Energia Nuclear na Agricultura (CENA).

Segundo o professor Marcello Damy, na época, a política da CNEN era congregar os esforços isolados dos pesquisadores que atuavam em todo o país pelo desenvolvimento da energia nuclear para fins pacíficos. Na agricultura, destacava-se o trabalho realizado na ESALQ, no âmbito da investigação pura e da genética, pioneiros na América Latina. "A idéia inicial era criar ali um centro nacional de pesquisa, mas não foi possível oficializá-lo desta forma, pois uma norma do governo exigia que os institutos de 'caráter nacional' fossem obrigatoriamente instalados na Capital Federal", conta ele.

Apesar de não conseguir manter este *status* no nome, o CNENA recebeu equipamentos e os recursos necessários para garantir seu funcionamento durante certo tempo. Assim, através do intercâmbio científico, vieram diversos especialistas de outros países para efetuar trabalhos conjuntos, ministrar cursos e introduzir novas metodologias. O relatório de atividades de 1963 contabilizava a realização de 53 trabalhos de pesquisa e 11 em andamento. Foi lançada também uma publicação própria, o *Boletim do CNENA*, impresso nas gráficas do Serviço de Informação Agrícola do Ministério da Agricultura, provavelmente uma das primeiras no gênero do Brasil.

No final de 1964, porém, foram suspensos pelo governo todos os convênios vigentes, a fim de se proceder a uma reformulação geral na política nuclear brasileira. Era uma das conseqüências das mudanças políticas ocorridas no país, com a instauração do regime militar, o que determinou a extinção do CNENA. Com a suspensão do convênio federal, cessaram temporariamente as atividades, mas não os esforços dos pesquisadores envolvidos.

O trabalho da equipe coordenada pelo professor Cervellini foi fundamental para a restruturação da instituição. Após muitas reuniões, foi proposto o ante-projeto de um novo Centro, mais adequado às exigências do momento, aprovado em março de 1965 pelo então Conselho Diretor da ESALQ. Desta forma, em 22 de setembro de 1966, já com seu nome definitivo, o Centro de Energia Nuclear na Agricultura foi regulamentado como instituto anexo à Luiz de Queiroz, com a assinatura pelo governador Laudo Natel do decreto nº 46 794, publicado no dia seguinte no Diário Oficial. Esta data é comemorada como a de fundação oficial da instituição.

Primeiro Boletim do CNENA, provavelmente o informativo pioneiro em energia nuclear na agricultura no Brasil.

Casa própria

Desde 1963 já se ambicionava a construção de um prédio próprio para o CENA. O local escolhido foi uma área de 9 800 m², cedida pela cadeira de Zootecnia dos Não-ruminantes. As obras iniciaram-se em 1964, com alguns recursos da ESALQ, que logo se esgotaram. Foram retomadas em 1967 e finalmente concluídas em 1968.

O professor Cervellini conta que, quando percorreu as instalações do primeiro prédio, com 650 metros quadrados, achou-as enormes: "Fiquei pensando como poderíamos usar todo aquele espaço, mas depois vi que estava errado. Logo ele ficou pequeno e foi preciso pensar em ampliações". Ao lado da edificação foi erguida, com recursos da CNEN, a câmara de irradiação para abrigar a primeira fonte de cobalto 60, com atividade de 600 curies, doada em 1966 pela AIEA.

Até então, o CENA se mantinha com verbas destinadas à execução de projetos de pesquisa específicos. "As idéias surgiam espontaneamente no grupo e eu precisava sair atrás dos meios para implementá-las", relembra Cervellini, que perdeu a conta das inúmeras viagens que fez ao Rio de Janeiro em busca de recursos. Nesse contexto, foi fundamental para a consolidação da Instituição o convênio firmado entre a CNEN e a USP, ainda em 1968, com duração de cinco anos, para o desenvolvimento das técnicas nucleares na agricultura.

Um nome importante nesse processo foi o do professor Hervásio Guimarães de Carvalho, que presidiu a CNEN de 1969 a 1982. Ele apoiou firmemente a instituição nesse período, apostando na competência dos pesquisadores e impulsionando a assinatura do convênio através do qual o CENA começou efetivamente a funcionar como um centro de pesquisas, passando a ter orçamento próprio. Começava então uma nova etapa no seu desenvolvimento.

Primeiro prédio do CENA, inaugurado em 1968, que hoje abriga o Laboratório de Isótopos Estáveis.

Anos 60: época de mudanças

Enquanto o país vivia intensas transformações políticas, econômicas, sociais e culturais, surgia em 1966, no interior de São Paulo, o CENA - primeira instituição brasileira dedicada à pesquisa da utilização da energia nuclear na agricultura.

A década de 60, iniciada alegremente no Brasil com a conquista do bicampeonato mundial de futebol, foi marcada por uma das suas maiores crises políticas. Em 1961, com a renúncia de Jânio Quadros à Presidência da República, assumiu o vice, João Goulart, após a votação de uma emenda constitucional que instituiu o parlamentarismo. Esse regime durou pouco tempo: em janeiro de 1963, um plebiscito exigiu a volta do presidencialismo.

Sucedeu-se um período de grandes agitações internas, que culminou em março de 1964 com eclosão de um movimento revolucionário, levando as Forças Armadas ao poder, com a justificativa de "manter o clima de legalidade no país". No dia 2 de agosto de 1964, João Goulart foi deposto e deixou o país. O general Castelo Branco foi conduzido à Presidência, iniciando o regime militar que duraria 21 anos.

O novo governo instituiu um Programa de Ação Econômica (PAEG) para tentar deter a preocupante inflação de 90% ao ano. O plano continha também medidas para reduzir o déficit público, restringia os reajustes salariais e aumentava a carga tributária. Uma emenda constitucional prorrogou o mandato presidencial até março de 1967.

Com a decretação de dois atos institucionais, o AI-2 (1965) e AI-3 (1966), aumentava a repressão política, caracterizada pela prisão dos opositores ao regime militar. Enquanto jovens de todo o mundo anunciavam o início da era de Aquarius, numa época de grande efervescência cultural, no Brasil reinava

Imagens dos anos 60, época da fundação do CENA:
1. militares no poder; 2. consolidação da indústria automobilística; 3. seleção de futebol bicampeã do mundo em 1962; e 4. trânsito caótico em São Paulo.

1.

2.

um clima de censura à livre manifestação. Apesar disso, realizaram-se os primeiros festivais de música popular, que abriram espaço para revelar talentos promissores.

Por outro lado, no campo, iniciava-se o processo de êxodo rural, transformando o Brasil em um "país urbano". As cidades passavam por um processo de expansão e verticalização, sustentado principalmente pelo Sistema Financeiro de Habitação, criado em 1966. A especulação imobiliária ameaçava a qualidade de vida das metrópoles, onde surgia um cenário novo: os congestionamentos. Na zona sul de São Paulo, inaugurava-se em 1966 o primeiro shopping center brasileiro, o Iguatemi, trazendo uma nova concepção de vendas no comércio.

Naquele ano, o Brasil apresentou um crescimento do Produto Interno Bruto de 5,1% e procurava-se abrir novos mercados externos. A florescente indústria automobilística aumentou seu índice de nacionalização e passou por um sucessivo processo de fusões, consolidando-se definitivamente na economia nacional.

Em 1967, o Brasil ganhou novo presidente, o general Costa e Silva, que instituiu outra moeda: o cruzeiro novo. O ministro da Economia Antonio Delfim Netto reverteu a política monetária até então restritiva do governo, dando início ao chamado "Milagre Brasileiro", que marcaria a década de 70 como um período de grande desenvolvimento e de execução de obras monumentais.

Essa política administrativa, no entanto, não conseguiu resolver os graves problemas do país, como a desigualdade entre as classes sociais, a pobreza, a fome, o analfabetismo e o atraso tecnológico verificado em setores vitais da economia, entre eles, a agricultura.

3.

4.

Fontes: USP, 1976; Relatórios CENA.

Experimento de campo com feijão (Phaseolus vulgaris).

IV
Pesquisas Pioneiras

Ao longo de sua história, o CENA desenvolveu os mais variados projetos, visando sempre colaborar na solução dos grandes problemas do país e participando efetivamente na batalha contra a fome e na defesa do patrimônio ambiental. Para estes estudos, precisou criar técnicas inovadoras que hoje são utilizadas em todo o mundo.

No prédio recém-inaugurado do CENA, as luzes ficavam acesas até tarde. Os pesquisadores avançavam, trabalhando até de madrugada para tentar fazer funcionar o primeiro espectrômetro de massas, que acabara de chegar da Alemanha. Era um aparelho bastante sensível e complexo, destinado às análises químicas das águas. Sua instalação em Piracicaba era a realização de um antigo sonho. Até então, eles precisavam se deslocar semanalmente a São Paulo, para efetuar trabalhos com isótopos estáveis, onde havia um equipamento deste tipo no então Instituto de Energia Atômica, hoje IPEN.

Finalmente, em 1966, com verbas arrecadadas em diversas instituições financiadoras, viabilizou-se a compra do aparelho. Sua instalação, dois anos mais tarde, coincidiu com o início das atividades do CENA no seu local definitivo. O professor Henrique Bergamin lembrou as dificuldades para fazê-lo funcionar: "O técnico encarregado da instalação, sem saber o que fazer diante de algo tão complicado, assistia, confuso, às intermináveis confabulações. Depois de muito trabalho, conseguiu-se finalmente colocá-lo em operação".

A incorporação de mais um equipamento representava sempre um novo campo de pesquisas que se abria no CENA. "Na verdade, naquela época, cada sala era um setor e cada setor era uma pessoa", relembra o professor Akihiko Ando, que montou o laboratório de Radiogenética. Quando chegou do Japão em outubro de 1960, como bolsista de pós-graduação na ESALQ, trouxe na bagagem dois trabalhos publicados naquele país sobre irradiação. Apesar de não falar quase nada de português, ele logo se integrou ao grupo do CENA, quando este ainda nem dispunha de instalações próprias. Inaugurado o primeiro prédio, Ando foi um dos primeiros a ganhar ali um espaço e até hoje é seu colaborador.

Espírito de cooperação e dedicação da equipe: foi assim que Bergamin definiu aqueles primeiros tempos. Os cientistas dividiam seu tempo entre as aulas na ESALQ e os experimentos no CENA. Isto talvez explique por que ele se expandiu tão rapidamente. No início dos anos 70, quando já se pesquisava nas áreas de Nutrição Vegetal, Fertilidade e Fertilizantes, Física de Solos, Radiogenética, Irradiação de Alimentos, Esterilização de Insetos e Hidrologia, começou a atuar também com Microscopia Eletrônica, Cultura de Tecidos em Plantas e Nutrição Animal.

Um novo prédio com 850 metros quadrados de área começou a ser erguido, após se terem conseguido diversas doações para sua construção. A casa de vegetação, cujo material, importado dos Estados Unidos, ficou muito tempo depositado no local, pôde afinal ser concluída em 1971. O CENA ganhou também maior infra-estrutura: vias asfaltadas, iluminação externa, central telefônica automática, um poço semiprofundo para abastecimento de água e oficinas de manutenção. Sua área foi acrescida em seis mil metros quadrados com a doação de mais uma faixa de terra pela ESALQ.

Aspectos da construção do segundo prédio do CENA e o convite oficial para a sua inauguração, em setembro de 1972.

O Presidente da Comissão Nacional de Energia Nuclear
e o Reitor da Universidade de São Paulo
convidam

para a inauguração das novas instalações
do Centro de Energia Nuclear na Agricultura,
da Escola Superior de Agricultura "Luiz de Queiroz",
em Piracicaba, às 11 horas do dia 15 de setembro de 1972.

Reforço internacional

Nesta altura, o trabalho desenvolvido pelo CENA chamava a atenção no exterior. Em maio de 1971, o professor Cervellini recebeu em Piracicaba uma missão da ONU, integrada por Cyril Lewis Comar (Cornell University) e Sylvan Wittwer (Michigan State University), encarregada de estudar a concessão de um financiamento, através da Agência Internacional de Energia Atômica, para o desenvolvimento de pesquisas de tecnologia nuclear aplicada à agricultura.

O convênio — o maior até então na América Latina — foi assinado em setembro de 1972 entre a CNEN e a United Nations Development Programme (UNDP), administrado pela Agência Internacional de Energia Atômica. Com duração de cinco anos, ele previa não só a liberação de recursos financeiros para o CENA da ordem de 1,3 milhão de dólares (sendo uma parte através da AIEA e outra em contrapartida do governo brasileiro), mas também o intercâmbio científico: a vinda de técnicos de várias partes do mundo para preparação de especialistas, bem como o envio de bolsistas brasileiros ao exterior para cursos de aperfeiçoamento.

Em decorrência desse convênio, denominado Projeto BRA/71/556, foi instalado e funcionou no CENA até 1991 o único escritório exclusivo da AIEA na América Latina fora da área de embaixadas. "A contribuição da AIEA foi fundamental para o desenvolvimento da instituição, não só pelo fornecimento de equipamentos de valor incalculável, mas principalmente pelo treinamento, intercâmbio de idéias e abertura de horizontes que proporcionou com a visita dos peritos e o estágio de nossos técnicos em centros mais adiantados", conta Diva Athiê, encarregada de administrar o escritório até o seu fechamento e que hoje trabalha como tradutora. Ela conta que os *experts* estrangeiros sugeriam linhas de pesquisa, indicavam os equipamentos a ser adquiridos e ajudavam na seleção do pessoal para treinamento no exterior.

Assinatura do Convênio (BRA/71/556) entre o governo brasileiro, o Fundo Especial do Programa das Nações Unidas para o Desenvolvimento e a Agência Internacional de Energia Atômica em 15 de setembro de 1972 no auditório do CENA.

A aplicação da ciência nuclear à agricultura em Piracicaba

A produção agrícola tem sido uma alta prioridade no Brasil e a garantia de uma sistema eficiente é de evidente importância para a economia nacional. O estabelecimento do Centro de Energia Nuclear na Agricultura (CENA) demonstrou a intenção do governo de fazer uso de moderna tecnologia neste esforço. O CENA é o terceiro instituto no mundo estabelecido ou fortalecido através do efeito catalítico do projeto em larga escala da UNDP (United Nations Development Programme), executado pela AIEA, com o propósito de aplicar técnicas de irradiação e isótopos para aumentar a produção agrícola. Os dois projetos anteriores foram estabelecidos respectivamente na Iugoslávia e na Índia, e um quarto projeto similar, criado pelo governo sueco através da SIDA, funciona em Bangladesh.

Esses institutos representam um casamento feliz entre as comissões nacionais de energia atômica e os especialistas em pesquisa agrícola. Embora a maior parte da pesquisa básica de técnicas nucleares na agricultura tenha sido realizada há mais de 20 anos, é essencial que tais técnicas sejam testadas sob condições de solo e de clima específicas para resolver problemas agrícolas locais. Tradicionalmente, os cursos sobre isótopos raramente são incluídos nos cursos regulares para estudantes de agronomia, que precisam obter esta experiência adicional através de treinamento especializado, freqüentemente efetuado no exterior.

Além disso, os equipamentos de isótopos, as oportunidades de proteção radiológica e de descarte de lixo radioativo normalmente não existem nas instituições de pesquisa convencionais. Esses institutos, nos quais os especialistas em agronomia e energia atômica concentraram seus esforços, têm provado, em geral, ser meios bem-sucedidos para estender os usos pacíficos da energia nuclear para agricultura local nos países em desenvolvimento.

(Carl G. Lamm, Deputy Director, Joint FAO/IAEA Division of Atomic Energy in Food and Agriculture, gerente do projeto do IAEA no CENA durante seus dois primeiros anos.)

Fonte: IAEA Bulletin, 1976.

Carl G. Lamm, primeiro diretor do projeto da Agência Internacional de Energia Nuclear (AIEA) no Brasil em 1972.

Não era só no exterior que a instituição recebia o reconhecimento pela sua atuação. Muitas personalidades brasileiras, principalmente membros do regime militar, prestigiaram-na com sua presença. Em julho de 1971, o presidente Emílio Médici, escolhido paraninfo de uma turma de formandos da ESALQ, fez questão de visitá-la: "Volto mais confiante com a mocidade", declarava na ocasião. Ele examinou deti-

Governo brasileiro prestigia o CENA: o diretor Admar Cervellini recebe o presidente Emílio Médici em 1971...

damente os tubos de ensaio e as lâminas com material de pesquisa. A seu pedido, as luzes foram desligadas para que ele pudesse ver no microscópio eletrônico uma célula ampliada 15 mil vezes. Mais tarde, em dezembro de 1973, foi a vez do general Ernesto Geisel, que visitou o CENA para conhecer o trabalho ali realizado. No ano seguinte, ele se tornaria Presidente da República.

...e Ernesto Geisel em 1973.

Experimento com feijão na década de 70 desenvolvido na casa de vegetação do CENA.

Casa de vegetação do CENA doada pela USAID e concluída em 1971 com recursos da Comissão Nacional de Energia Nuclear.

Principais projetos

Dentre os projetos desenvolvidos no CENA durante a década de 70 destacaram-se os estudos sobre o feijão, sobre as águas subterrâneas no Nordeste brasileiro e sobre o ciclo hidrológico nos rios da Amazônia. Os pesquisadores também examinaram os hábitos de vida e procriação de várias pragas existentes nas lavouras brasileiras, procurando determinar as doses de radiação necessárias para esterilizá-las, devolvendo-as ao campo para, desta forma, combatê-las.

Paralelamente, as radiações ionizantes foram usadas para provocar mutações benéficas em grãos de arroz, feijão e trigo, entre inúmeras outras culturas. Através de um paciente trabalho de seleção e cruzamento, foi possível modificar o material hereditário da planta, até obter mutantes com características altamente favoráveis. Novas variedades, mais resistentes, de melhor qualidade e com maior teor de proteínas foram obtidas no CENA e colocadas à disposição dos agricultores no decorrer dos anos.

Com o auxílio dos radioisótopos, conseguiu-se determinar também as necessidades de adubação de diversas plantas, trazendo significativas mudanças nos métodos tradicionais de cultivo, revelando técnicas mais econômicas e com maior índice de aproveitamento.

Feijão atômico

No início de 70, alguns jornais brasileiros publicaram a notícia que um "superfeijão", capaz de resistir a doenças, pragas e variações de condições atmosféricas, estava sendo desenvolvido no CENA. A novidade logo se espalhou, choveram telefonemas de todo o país de interessados no assunto e os pesquisadores foram chamados a Brasília para explicar o que estava acontecendo.

Na verdade, havia um certo exagero nessas notícias. Não se procurava criar um "superfeijão", mas estudar em profundidade essa cultura até então pouco conhecida nos meios científicos. "Ninguém ligava para esse primo pobre da alimentação, que, no entanto, é um dos pratos mais importantes da dieta do brasileiro", afirmava na época o professor Cervellini.

Como resultado desse descaso, o Brasil, um dos maiores produtores de feijão do mundo, apresentava um dos rendimentos mais baixos — 600 a 700 quilos por hectare. Para agravar a situação, sabia-se que mais de 30% da quantidade colhida era sistematicamente destruída por pragas e doenças, antes de chegar à mesa dos consumidores. Acreditava-se ainda que o país poderia enfrentar uma grave crise na sua produção, em face da baixa produtividade apresentada, em relação à demanda sempre crescente.

Nesse contexto, no início da década de 70, o CENA concentrou esforços no estudo do feijão (*Phaseolus vulgaris*), leguminosa de alto valor nutritivo, a partir da idéia inicial do Professor Almiro Blumeschein, um dos pioneiros da instituição. O Projeto Feijão, com duração de cinco anos, envolveu quase todas as suas seções, prevendo quatro linhas de pesquisa assim descritas na época: agricultura (práticas culturais), botânica (fisiologia, morfologia e sistemática), física e meteorologia (economia de água) e química (nutrição mineral, bioquímica normal e patológica, tecnologia, físico-química do solo).

Durante muitos anos, o feijão foi analisado de forma pioneira em todos os seus aspectos, em um trabalho de fôlego, que objetivava melhorar e enriquecer as variedades mais consumidas e selecionar aquelas mais resistentes a pragas e doenças. Técnicos em solos, utilizando a radiação gama, estudaram as características hídricas dos solos destinados a seu plantio. Além disso, mais de 25 mil análises por ativação neutrônica

Falta de água no Nordeste brasileiro: problema crucial que atraiu a atenção dos pesquisadores do CENA.

e química foram efetuadas para determinar suas substâncias vitais.

No campo, os pesquisadores conduziram uma plantação experimental, que possibilitou o desenvolvimento de um balanço hídrico completo daquela cultura. Também foram estudadas as formas mais racionais de adubação, a possibilidade de extermínio de pragas e das doenças mais comuns. O trabalho desenvolvido contribuiu consideravelmente para o aumento da produtividade do feijão e influenciou beneficamente na qualidade do produto que hoje se consome.

Águas do Nordeste

Outro projeto de grande repercussão, efetuado na década de 70, foi realizado pelo CENA no Nordeste brasileiro, em colaboração com a Sudene, na área da hidrologia, utilizando técnicas isotópicas. O professor Eneas Salati, na época coordenador desses estudos, explicava então que a região semi-árida do Nordeste recebia pelo menos 400 bilhões de metros cúbicos de água de ótima qualidade por ano. No entanto, seu manejo adequado era um problema difícil, pois as chuvas da região se concentravam em um curto período e a maior parte se perdia por evaporação e transpiração. Uma pequena parcela da precipitação dava origem aos cursos d'água, muitos dos quais eram intermitentes.

Por outro lado, acreditava-se que, em função das formações geológicas, o armazenamento de águas subterrâneas era pequeno. Normalmente, elas possuem alto teor de sais, o que as torna inadequadas para o consumo humano e para a irrigação. A solução, que seria o represamento da água em açudes, também leva a grandes perdas por evaporação. Além disso, elas também sofrem processo de salinização (*Cadernos de Tecnologia e Ciência*, 1981).

A definição desses problemas estabeleceu os objetivos das pesquisas efetuadas no CENA. Foram estudadas a idade e o mecanismo de recarga das águas subterrâneas dos aqüíferos do Nordeste, através da utilização de isótopos estáveis. Descobriu-se que a causa principal da concentração de sais nas águas daquela região é de origem marítima, trazidos pela atmosfera. Partindo desse princípio, estudaram-se as possibilidades de obtenção, através de vários métodos, de uma melhoria qualitativa e quantitativa das águas subterrâneas, visando o seu uso para a irrigação em áreas assoladas pela seca.

Descobrindo a Amazônia

Um cartaz fixado no quadro de avisos existente no corredor principal do CENA, em dezembro de 1971, convidava os interessados em uma viagem à Amazônia para efetuar coleta de amostras de água destinadas às pesquisas. Como sempre, a procura era grande: dos quarenta candidatos, dez foram selecionados para a missão que subiu o rio Amazonas e seus afluentes. Foi apenas uma das incontáveis viagens àquela região, cujo estudo fascina os pesquisadores até hoje.

Os primeiros trabalhos ali realizados objetivavam conhecer a dinâmica da água sob condições naturais para desenvolver metodologias específicas de análise, contribuindo desta forma para a sua preservação. A primeira preocupação era estudar a água na atmosfera e avaliar a importância da floresta nesse ecossistema, determinando se ela existia por causa do clima, ou se era o clima o responsável por sua existência.

Naquela época, conseguiu-se determinar que 50% das águas eram provenientes dos oceanos, enquanto que a outra metade vinha da evaporação da floresta, demonstrando-se assim definitivamente, de forma científica, a importância da função da vegetação. Estas investigações pioneiras foram efetuadas pela análise isotópica do vapor d'água e das precipitações pluviais.

Em entrevista concedida à imprensa na ocasião (*Agricultura de Hoje*, 1979) o professor Salati, então diretor do CENA, explicava que o problema básico da Amazônia era a utilização adequada dos recursos florestais e que, para o seu planejamento, era necessário obter inúmeras informações técnicas e científicas até então inexistentes. Após obter o modelo do ciclo da água, os pesquisadores se engajaram, em seguida, em um estudo profundo sobre o mecanismo e problemas relacionados com o ciclo de nutrientes, especialmente o nitrogênio.

Com o auxílio de técnicas nucleares, procurava-se determinar de forma precisa como ele se fixa, como se recicla e como participa da biomassa da floresta, antes que esta sofra um manejo intensivo. Essa atuação pioneira na Amazônia acabou chamando a atenção de outros cientistas do Brasil e de outras partes do mundo. E, até hoje, o CENA efetua pesquisas integradas na região, acumulando um vasto conhecimento sobre o local.

Importantes ferramentas para realização deste trabalho foram as duas embarcações especialmente projetadas para tal finalidade. São verdadeiros laboratórios flutuantes, que atualmente estão sediados no INPA (Instituto de Pesquisa da Amazônia). O *Amanaí* foi o primeiro a ser construído. Feito de madeira de lei no Estaleiro Navaltec, em Manaus (AM), o barco possui dezenove metros de comprimento e cinco metros e vinte centímetros de largura. Entregue em 1980, ele vem prestando serviços até agora, pois acaba de ser totalmente reformado.

O *CENA I* fazia parte de um projeto mais ambicioso. É uma embarcação da classe F-41, com trinta metros de comprimento e sete de largura, feita de chapa naval, e que possui velocidade estimada em 14 nós, dotada de amplos e completos laboratórios. Começou a ser construída em um estaleiro localizado

Barco CENA I: Laboratório flutuante utilizado para pesquisas nos rios da Amazônia, na época de sua inauguração.

em Jaú (SP) e demorou muito tempo para ser concluída. Atualmente está desativada, pois necessita de ampla remodelação.

Na metade da década de 70, os pesquisadores da seção de Radioquímica, hoje Química Analítica, já tinham desenvolvido um sistema eficiente para obter as análises químicas necessárias. Visava dar suporte aos diversos programas desenvolvidos no CENA, alguns de grande envergadura, principalmente no campo da hidrologia, que exigiam o trabalho com um grande número de amostras. Procurando automatizar esses processos, os cientistas criaram um equipamento pioneiro, denominado "Sistema de análises por injeção em fluxo", considerado uma contribuição muito significativa no sentido de melhoria de qualidade, diminuição de custos e facilidade operacional.

Mudanças administrativas

Em 1977, um fato relevante marcaria uma nova etapa na existência do CENA: sua incorporação à Universidade de São Paulo (Resolução nº 1129, do Conselho Universitário, de 3/2/1977). Pouco tempo depois, em 1980, ganharia um regimento interno, que, entre outras providências, regulamentava o quadro funcional. Nessa ocasião foi possível, finalmente, regularizar a situação do pessoal, que recebia através de bolsas de estudo ou das verbas concedidas pela CNEN.

Seria também instituída uma carreira acadêmica na instituição, pois até então todos os alunos da pós-graduação recebiam seus diplomas através da ESALQ. Era o fim do período das sistemáticas e cansativas viagens de Cervellini à procura de verbas no Rio de Janeiro para, entre outras coisas, pagar em dia os funcionários.

Cinco anos depois, o CENA passou a integrar, juntamente com a ESALQ, o *campus* de Piracicaba, hoje denominado "Luiz de Queiroz". Por ocasião da Reforma Universitária da USP, em 1988, ele passou à categoria de Instituto Especializado, sendo enquadrado como um dos órgãos de integração da Universidade.

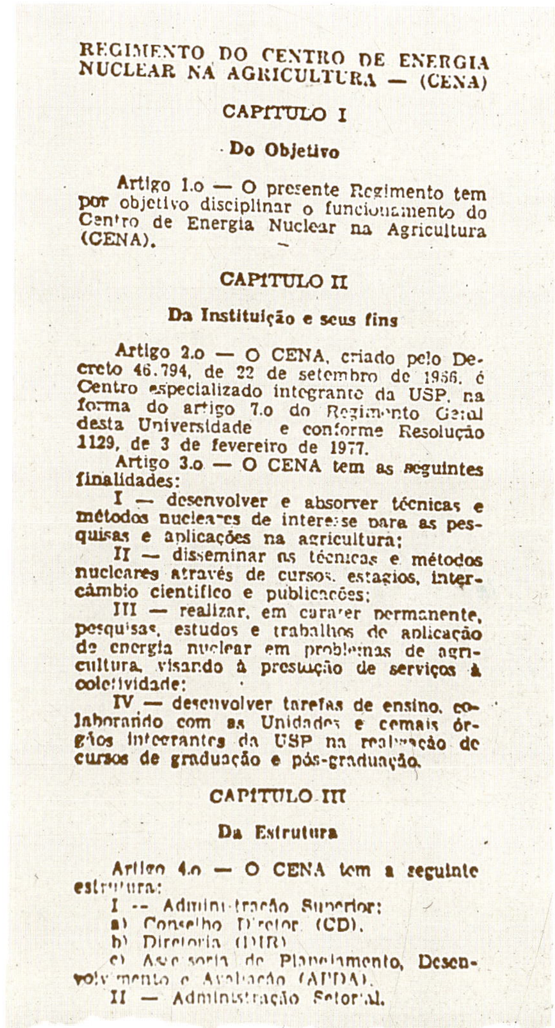

REGIMENTO DO CENTRO DE ENERGIA NUCLEAR NA AGRICULTURA — (CENA)

CAPITULO I

Do Objetivo

Artigo 1.o — O presente Regimento tem por objetivo disciplinar o funcionamento do Centro de Energia Nuclear na Agricultura (CENA).

CAPITULO II

Da Instituição e seus fins

Artigo 2.o — O CENA, criado pelo Decreto 46.794, de 22 de setembro de 1956, é Centro especializado integrante da USP, na forma do artigo 7.o do Regimento Geral desta Universidade e conforme Resolução 1129, de 3 de fevereiro de 1977.

Artigo 3.o — O CENA tem as seguintes finalidades:

I — desenvolver e absorver técnicas e métodos nucleares de interesse para as pesquisas e aplicações na agricultura;

II — disseminar as técnicas e métodos nucleares através de cursos, estagios, intercâmbio cientifico e publicações;

III — realizar, em carater permanente, pesquisas, estudos e trabalhos de aplicação de energia nuclear em problemas de agricultura, visando à prestação de serviços à coletividade;

IV — desenvolver tarefas de ensino, colaborando com as Unidades e demais órgãos integrantes da USP na realização de cursos de graduação e pós-graduação.

CAPITULO III

Da Estrutura

Artigo 4.o — O CENA tem a seguinte estrutura:

I — Administração Superior:

a) Conselho Diretor (CD).

b) Diretoria (DIR)

c) Assessoria de Planejamento, Desenvolvimento e Avaliação (APDA).

II — Administração Setorial.

Parte da publicação do Diário Oficial do Estado de São Paulo de 21 de junho de 1980 com o regimento do CENA.

Vista aérea do CENA nos anos 70.

Capítulo V
Consolidação e Crescimento

Com o apoio de instituições nacionais e estrangeiras, o CENA se firma hoje definitivamente no cenário mundial como um dos mais avançados centros de pesquisa, respeitado pela comunidade científica, pelos trabalhos de sua equipe que se caracterizam pela aquisição e transferência de novas tecnologias.

Na década de 80, o CENA encontrou definitivamente a segunda linha mestra do seu trabalho: a defesa do ambiente. Apesar de ser esta uma preocupação constante desde a sua criação e tema de muitos estudos realizados, observa-se que a maior parte das pesquisas nos primeiros anos de sua existência concentrara-se principalmente em torno do uso de técnicas nucleares para resolver problemas da agricultura brasileira, tornando-a mais produtiva e rentável, contribuindo assim para aumentar a oferta de alimentos.

A progressiva degradação do ambiente, causada, entre outros fatores, pela utilização de técnicas agrícolas inadequadas, levou os pesquisadores a dirigir cada vez mais sua atenção para auxiliar no planejamento adequado do uso da terra, preservando os recursos naturais renováveis.

Um grande passo nesse sentido foi dado com a aprovação, no início de 1984, de um projeto denominado "O Uso de Isótopos em Estudos Sobre os Efeitos das Alterações no Uso da Terra Sobre a Ecologia e o Clima da Amazônia Brasileira" (BRA/0/010). Ele envolvia o CENA, representando a CNEN, o Instituto Nacional de Pesquisas na Amazônia (INPA), o CNPq e a Empresa Brasileira de Pesquisas Agropecuárias (Embrapa). Foi financiado pela AIEA, com recursos da ordem de 5,8 milhões de dólares, e tinha uma duração prevista de cinco anos.

Este trabalho de larga abrangência visava aprofundar cada vez mais as informações obtidas até então sobre a Amazônia, principalmente no que diz respeito às possíveis alterações causadas pelas modificações no uso da terra. Dessa forma, foram efetuados estudos de avaliação da biodiversidade das espécies, na sua abundância, nos níveis de nutrientes agrícolas, na qualidade das águas dos rios. Analisavam-se ainda as conseqüências da ação antropogênica na região, como, por exemplo, as queimadas, o desmatamento e o desenvolvimento das atividades agropecuárias.

Assim, seria possível estabelecer modelos matemáticos para descrever as mudanças ocorridas e prever as tendências para o futuro. A idéia era formar um amplo banco de dados contendo as informações essenciais para a exploração econômica racional da região amazônica, assegurando a proteção dos recursos naturais.

O projeto visava também fornecer diretrizes e recomendações para o uso agriculturável do solo e treinar pessoal para assegurar a continuidade da pesquisa, após o término do apoio internacional. Um grande número de experimentos foi realizado pelos cientistas participantes no Projeto Amazônia, que tiveram à sua disposição equipamentos sofisticados, permitindo-se assim que se atingissem os objetivos propostos. Em 1991 passou-se então para a segunda fase do projeto — ainda em andamento — quando todas as atividades realizadas foram integradas, de forma a obter um modelo de desenvolvimento regional da Amazônia.

O barco Amanaí, do CENA, navega em rios da Amazônia, para aprofundar os conhecimentos sobre a região.

Rio Piracicaba: objeto de estudo dos pesquisadores do CENA.

Estudando o rio Piracicaba

A grande maioria dos piracicabanos desconhece o que se realmente pesquisa dentro do CENA, apesar da vaga idéia de que se trata de algo muito avançado e importante. No início de sua existência, mais de uma vez os pesquisadores tiveram de, através dos jornais, acalmar os mais temerosos de que não havia perigo de uma "explosão atômica" ou acidentes desse tipo, pois nunca existiram reatores no local. Além disso, a quantidade de material radioativo utilizada é muito pequena, devidamente armazenada, existindo inclusive áreas apropriadas para o seu descarte.

Por isso, foi com agradável surpresa que a população local tomou conhecimento, no início da década de 80, de que os cientistas haviam concentrado sua atenção no estudo do rio Piracicaba, que divide a cidade ao meio e lhe dá o nome. Para tristeza de seus habitantes, esse importante patrimônio natural tem sido dolorosamente agredido no decorrer dos anos por todos os tipos de poluição.

Dessa forma, muitos trabalhos foram efetuados no CENA visando combater a sua degradação. Em um deles, sugeriu-se o uso de uma planta aquática muito comum, o "aguapé", como filtro de poluentes. Esses estudos serviram para chamar a atenção para o problema da poluição do rio. Para implementá-los, o CENA conquistou um laboratório especializado completo destinado à análise das águas, considerado um dos mais bem equipados do país, que até hoje é largamente utilizado nas pesquisas em andamento, inclusive no próprio rio Piracicaba.

Desde então, esse importante curso d'água e todos os outros que formam a sua bacia são objeto de estudo permanente dos pesquisadores do CENA. Em dezembro de 1994 iniciou-se um amplo projeto interdisciplinar específico para conhecer profundamente os aspectos do funcionamento desse importante ecossistema. Denominado Projeto PiraCena, ele é financiado por empresas particulares e órgãos governamentais, e conta também com a participação de outros institutos de pesquisa (ver box na página 150).

Ainda no campo da hidrologia, um dos importantes trabalhos efetuados no CENA foi a caracterização biogeoquímica dos principais rios do Estado de Rondônia, na região noroeste do Brasil. Procurou-se avaliar os efeitos locais e globais das possíveis alterações do ecossistema natural, que vinha sofrendo ocupação intensiva. Calcula-se que a região perdeu, entre 1970 e 1985, cerca de 15% de sua cobertura florestal, sem que ela fosse substituída por atividades agrícolas racionais e economicamente viáveis.

Foram realizadas inúmeras excursões à área do projeto entre 1983 e 1986 para coleta de amostras terrestres e fluviais. Os parâmetros analisados permitiram efetuar um estudo detalhado sobre a qualidade físico-química das águas da região e seu relacionamento com a geologia local, associado ao transporte de material sólido e ao comportamento hidrológico desse ecossistema. A pesquisa inseriu-se no Programa de Desenvolvimento Integrado do Noroeste do Brasil (Pólonoroeste) implementado pelo governo brasileiro.

Ensino e pesquisa

Quando o CENA foi incorporado à Universidade de São Paulo como Centro Especializado, em 1980, possuía 21 pesquisadores contratados. Juntamente com um número equivalente de docentes da ESALQ, eles desenvolviam as atividades de pesquisa, ensino e extensão, que se agrupavam em três áreas do conhecimento científico:

- *Ciências Biológicas* — englobando as seções de Biologia de Proteínas Vegetais, Ciências Animais, Entomologia, Ecologia, Fitopatologia e Microscopia Eletrônica, Radiogenética.
- *Ciências Exatas e da Terra* — envolvendo as seções de Isótopos Estáveis e Hidrologia, Metodologia de Radioisótopos, Química Analítica, Radioisótopos e Radionuclídeos Naturais.
- *Ciências do Solo* — com as seções de Fertilidade do Solo, Física do Solo, Microbiologia do Solo, Nutrição Mineral de Plantas e Química do Solo.

Vista aérea do CENA em 1996.

Os trabalhos efetuados pelos cientistas eram então divulgados na revista *Energia Nuclear e Agricultura*, de periodicidade semestral, editada e impressa dentro do próprio CENA, que circulou entre 1979 a 1990. Em 1995, passaram a ser publicados numa seção própria, ao lado de artigos originais de outros especialistas em ciências agrárias, na *Scientia Agricola*, periódico quadrimestral institucional do *campus* da USP em Piracicaba.

Com a aposentadoria do professor Admar Cervellini, no final de 1980, assumiu a diretoria do CENA o professor Eneas Salati, engenheiro agrônomo formado pela ESALQ em 1955, integrante da equipe pioneira que deu origem à instituição. Ele permaneceu no cargo até 1984 e hoje atua na iniciativa privada.

Outra importante mudança ocorreu em 1985, quando o CENA passou a integrar, juntamente com a ESALQ, o *campus* de Piracicaba, hoje denominado "Luiz de Queiroz". Naquele ano, o então diretor da ESALQ, o professor Joaquim José de Camargo Engler, acumulou a direção do CENA *pro tempore,* até a indicação do professor Frederico Maximiliano Wiendl, também engenheiro agrônomo formado na ESALQ.

Durante seu mandato, encerrado em 1991, Wiendl praticamente dobrou o corpo de pesquisadores, contratando cerca de 20 novos técnicos. "Nosso objetivo era criar uma '*massa crítica*' que realmente influenciasse nas decisões tomadas na Universidade", diz ele, que se aposentou em 1996 e hoje trabalha como consultor de uma empresa de embalagem inviolável para alimentos.

Wiendl assinou também um convênio com a Universidade Metodista de Piracicaba (Unimep) que possibilitou aos funcionários do CENA cursarem o nível superior naquela Universidade com uma bolsa de estudos quase integral. Com isso abriu uma possibilidade de os estagiários fazerem carreira e progredirem dentro da própria instituição.

Novos tempos

Para desenvolver a sua diversificada programação, o CENA conta hoje com uma equipe de mais de 300 pessoas: há 49 professores, entre efetivos e colaboradores, e o setor de pesquisas tem 45 técnicos de nível superior e médio. Existem ainda 53 funcionários administrativos e operacionais. Além disso, 111 pós-graduandos elaboram dissertações e teses nos cursos de mestrado, doutorado e pós-doutorado. No ano de 1996, a instituição acolheu 76 profissionais de diversos níveis, entre estagiários, pesquisadores e pós-doutorandos para realização de trabalhos especiais.

Desta forma, um dos motivos de orgulho do CENA é estar formando, nos seus trinta anos de atuação, várias gerações de cientistas de alto nível nos cursos de pós-graduação e especialização. Esses técnicos, que ocupam lugar de destaque nos centros mais avançados do país, estão em constante intercâmbio com instituições nacionais e internacionais. Atualmente, o CENA mantém convênios, realiza projetos e coopera com 24 instituições estrangeiras e 11 brasileiras (públicas e privadas) desenvolvendo trabalhos de grande interesse da comunidade.

No comando dessa capacitada equipe está, desde 1991, o engenheiro agrônomo Carlos Clemente Cerri, 50 anos, exercendo hoje seu terceiro mandato. Nascido em São Carlos (SP), ele cursou Engenharia Agronômica e Licenciatura em Disciplinas Especializadas do Segundo Grau (área agrícola) na Universidade Estadual de São Paulo (UNESP). O mestrado e doutorado foram realizados no Instituto de Geociências (USP), Departamento de Geologia Geral. Desde 1975 atua como pesquisador e docente e atualmente é professor titular do CENA.

A grande preocupação de Cerri na sua administração foi sempre valorizar o espírito democrático, revitalizando o Conselho Deliberativo, formado por repre-

Evolução da Produção Científica do CENA
1966-1996

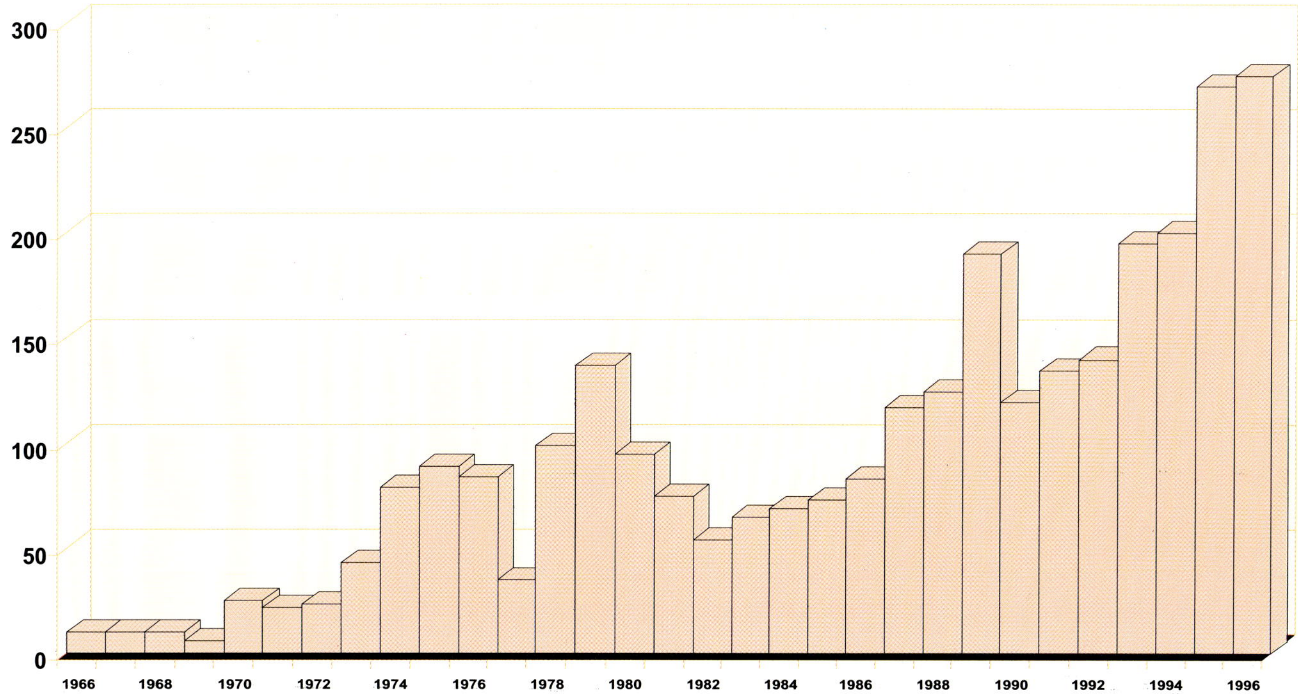

Projetos Desenvolvidos no CENA - 1996

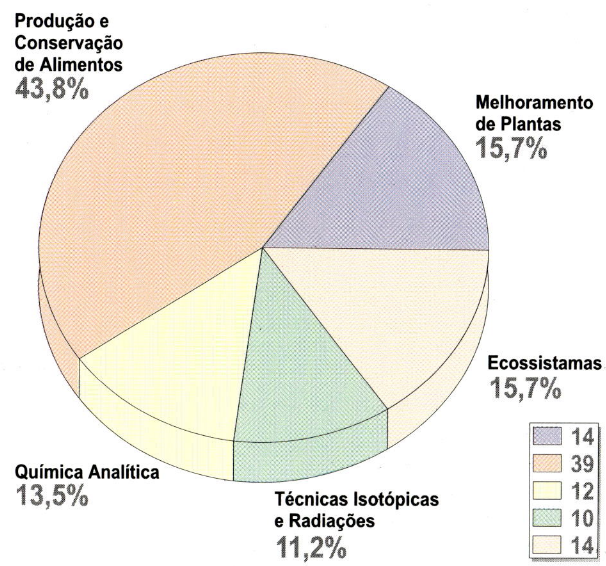

sentantes de todas as áreas do CENA, aumentando o seu poder participativo e decisório na solução de problemas emergentes e no planejamento das atividades. Esse trabalho conjunto possibilitou a aprovação, em 1994, do seu Regimento Interno junto à Reitoria da Universidade de São Paulo e a organização das equipes de pesquisa.

Recentemente, conseguiu-se também a ampliação da área física do CENA, com o aproveitamento de terras vizinhas, a adaptação e reforma de edificações existentes e a construção de novos prédios, acrescentando mais 1 700 m² de área útil destinada a atender projetos de pesquisa e de apoio administrativo. Foi ainda efetuada uma importante remodelação na Biblioteca, que hoje possui um acervo de 9 000 volumes.

O Plano Diretor de Informática determinou a instalação de uma rede de 2 000 metros lineares de fibras ópticas conectadas a cento e vinte terminais, interligando oito pavilhões do CENA, e 2 000 metros de ligação com o Centro de Informática na Agricultura (CIAGRI/USP). Esta rede possibilita a comunicação via Internet de todas as suas áreas: pesquisa, acadêmica e administrativa com o mundo.

Através das reformulações da política de recursos humanos para professores e pessoal administrativo foi possível também estabelecer recentemente um novo organograma funcional, criar planos de carreira, regularizar contratos e introduzir programas específicos de treinamento e segurança no trabalho. Procurou-se também racionalizar as atividades de apoio administrativo, descentralizando e terceirizando determinados serviços para diminuir a burocracia existente.

Também a pós-graduação sofreu significativas mudanças no decorrer dos anos. Desde 1990, o CENA administra seus próprios cursos de mestrado e doutorado, que vem passando por sucessivas mudanças, visando seu aperfeiçoamento. O resultado desse esforço é uma procura sempre crescente de interessados e o aumento significativo da produção científica: teses, dissertações e, principalmente, publicações de trabalhos de autoria de professores orientados em conjunto com os discentes.

De olho no futuro

Uma das mais recentes conquistas para o desenvolvimento do CENA foi ter implantado o seu planejamento estratégico. Em uma primeira etapa, procurou-se traçar um diagnóstico realista da situação. Através de questionários e documentos específicos, analisou-se a evolução do quadro de pessoal, dos orçamentos, da estrutura organizacional e da produção científica. Efetuou-se então uma avaliação dos resultados obtidos até agora. Foram ainda solicitadas à equipe sugestões de metas e planos para os anos seguintes.

O diagnóstico, aprovado por todos os pesquisadores em setembro de 1993, apontava a necessidade de promover mudanças, mas sem descaracterizar o CENA como um instituto especializado de pesquisa. Concluiu-se que, desde a sua criação, em 1966, e até atingir sua maturidade científica, a instituição desenvolveu-se em ambiente de fartos recursos financeiros. Ao final de década de 80, esses investimentos foram drasticamente reduzidos, o que gerou a desaceleração do processo evolutivo. Em conseqüência, houve diminuição da produção científica e da capacidade de criar novos projetos.

Organograma atual do CENA aprovado em 1996.

CONSELHO DELIBERATIVO

DIRETORIA

- Divisão Administrativa
  - Seções
    - Contabilidade e Finanças
    - Convênios
    - Material
    - Manutenção Geral
    - Expediente
    - Veículos
- Divisão Acadêmica
  - Seções
    - Pós-Graduação
    - Apoio Acadêmico
- Divisão de Produtividade Agroindustrial e Alimentos
  - Laboratórios
    - Ciências Animais
    - Nutrição Mineral de Plantas
    - Biologia Molecular
    - Biologia Celular
    - Proteínas Vegetais
    - Entomologia
    - Fertilidade do Solo
- Divisão de Funcionamento de Ecossistemas Tropicais
  - Laboratórios
    - Isótopos Estáveis
    - Química do Solo
    - Física do Solo
    - Ecologia
- Divisão de Desenvolvimento de Métodos e Técnicas Analíticas e Nucleares
  - Laboratórios
    - Química Analítica
    - Radioisótopos
    - Radionuclídeos Naturais
    - Isótopos Estáveis
    - Metodologia de Radioisótopos

Esquema do Plano Diretor de Pesquisa: definindo os programas para o futuro.

Para efetuar necessárias correções no seu rumo, elaborou-se então o Plano Diretor de Pesquisa, concluído no final de 1995, definindo-se com clareza os objetivos estratégicos do CENA, os programas e linhas de pesquisa e desenvolvimento, como também o seu planejamento operacional. O modelo adotado procurou ser participativo e sistêmico, adequado à realidade atual e suficientemente dinâmico para promover as retificações de rumo necessárias e vislumbrar os desafios do futuro.

Em primeiro lugar, definiram-se três objetivos estratégicos, em função das atividades científicas e tecnológicas e dos recursos humanos e operacionais disponíveis:

- *Produtividade Agroindustrial e Alimentos*, que visa a melhoria da produção agrícola e de alimentos de forma sustentável;
- *Funcionamento de Ecossistemas Tropicais*, que objetiva determinar seus mecanismos para recomendar seu uso racional e conseqüente conservação;
- *Desenvolvimento de Métodos e Técnicas Analíticas e Nucleares*, que propõe o estudo e o aprimoramento de técnicas e métodos de análise para a comunidade científica e que, ao mesmo tempo, dá suporte aos dois objetivos anteriores.

Cada um desses três objetivos compreende dois programas específicos, que se constituem em ações multidisciplinares e de execução coletiva, com duração prevista para os próximos dez anos. Definiram-se também as Linhas de Pesquisa — ações individuais ou de pequeno grupo de pesquisadores — com metas bem estruturadas para cinco anos. Todos os trabalhos foram planejados a partir das especializações dos pesquisadores e atendendo às solicitações de fora da instituição.

Equipamentos de última geração

Ocupando hoje aproximadamente 60 000 m^2, cercados de bosques e margeados pelo rio Piracicaba, dos quais cerca de 12 000 m^2 são de área construída, o CENA conta com diversas casas de vegetação e alguns dos laboratórios mais bem montados do país. Neles estão instalados modernos equipamentos, tais como a fonte de irradiação de cobalto, espectrômetros de massas, de absorção atômica e de emissão-ICP/MS. Conta ainda com sistemas de análise em fluxo contínuo, analisadores líquidos elementares de CHNS, cromatógrafo gasoso, entre outros.

Existem também à disposição dos pesquisadores contadores de cintilação líquida, câmaras controladas de ambiente de crescimento, sondas de nêutrons, unidade de produção de nitrogênio líquido e equipamentos de hibridização. Está ali instalado um dos mais completos laboratórios de radiocarbono natural (^{14}C) em funcionamento atualmente no Brasil, que permite a datação de amostras de interesse agronômico, arqueológico e geológico.

A incorporação de novos equipamentos nunca pára no CENA: recentemente, obteve da Fapesp (Fundação de Amparo à Pesquisa do Estado de São Paulo) a verba de R$ 1,24 milhão para a aquisição de um irradiador gama semicomercial. O equipamento — que funcionará em caráter experimental — permite aumentar a vida útil de muitos produtos agrícolas e possibilitará a incorporação de novas tecnologias na área de conservação de alimentos.

Até agora, a irradiação de produtos agrícolas para aumentar a sua durabilidade, apesar de ser uma idéia conhecida há muitos anos, tem sido feita em pequena escala no Brasil, praticada apenas em nível de pesquisas no próprio CENA. Com o novo equipamento, que deve entrar em operação nos próximos três anos, pretende-se realizar vários experimentos em escala semicomercial, determinando a sua utilização adequada para os diversos produtos.

Biblioteca: importante fonte de consulta para pesquisa

Quando Janeti Lourdes Bombini de Moura foi contratada como bibliotecária do CENA e entrou em sua sala pela primeira vez, em 1972, teve a impressão que se tratava mais de um depósito dos mais diversos materiais do que de uma biblioteca. "Era o local para onde se mandava tudo o que não tinha destino certo", conta ela, que é hoje diretora técnica da Divisão de Biblioteca e Documentação da ESALQ. Sua primeira providência foi promover uma ampla limpeza e efetuar o inventário do acervo. Ela descobriu a existência de 2 204 volumes, cuja maioria não se encontrava nas prateleiras, pois estava em "empréstimo eterno" aos pesquisadores. Aos poucos, porém, conseguiu-se recuperar todos os livros e o funcionamento passou a ser normal.

No decorrer dos anos, o setor cresceu em área útil e patrimônio. Em 1985, passou a ser uma das quatro unidades setoriais da Divisão de Biblioteca e Documentação da USP em Piracicaba, o que permitiu aos seus usuários utilizar amplamente seus serviços.

Com a criação dos cursos de pós-graduação no CENA, em 1990, a Biblioteca foi contemplada com verbas para aquisição de material bibliográfico destinado ao atendimento de seus alunos. No ano seguinte, acompanhando a informatização da unidade central, foram adquiridos microcomputadores, impressoras e terminais, proporcionando sua ligação à rede das outras unidades do campus.

Entretanto, o maior avanço tecnológico desta importante fonte de consulta ocorreu em 1994, quando ela se mudou para um novo espaço, inteiramente reformado e adaptado. Completou-se então sua ligação com a rede informatizada interna do CENA, possibilitando o acesso, via Internet, às bases bibliográficas locais e internacionais.

Hoje trabalham no local quatro funcionárias (a bibliotecária Marília Ribeiro Garcia Henyei e mais três auxiliares) que cuidam de um acervo de cerca de 9 mil livros. Atendem anualmente a mais de 7 mil consultas. Prestam também serviços de normatização e revisão de referências bibliográficas, efetuam levantamentos bibliográficos em bases de dados e proporcionam treinamento aos usuários para consultá-los adequadamente.

A Biblioteca do CENA pensa sempre em expansão. Recém-elevada à categoria de Divisão em 1996, ela se desligou da Divisão de Biblioteca e Documentação e deve aumentar ainda mais sua área útil, hoje com 217 m^2*. Pretende incrementar ainda mais o seu programa de aquisição de material (livros e periódicos), consolidando sua posição de fonte de consulta especializada na área de técnicas nucleares aplicadas à agricultura.*

Semana de comemorações

Um variado café da manhã comunitário foi servido para aproximadamente 170 pessoas, no aprazível jardim que cerca a sede da Associação dos Funcionários do CENA, numa bela manhã de primavera de setembro de 1996. Esta prática, que acontece periodicamente para promover a maior integração dos seus membros, teve desta vez um sabor especial: foi uma das inúmeras atividades programadas cuidadosamente por uma comissão especialmente formada para comemorar o seu trigésimo aniversário.

Durante uma semana, entre os dias 16 e 20 de setembro, foram realizadas várias solenidades, tais como o lançamento oficial do Plano Diretor de Pesquisa e a abertura do livro de visitas. Naquele período, todas as correspondências saíram da cidade com o carimbo da Empresa Brasileira de Correios e Telégrafos alusivo à data, especialmente idealizado para a ocasião com a cooperação do Clube Filatélico e Numismático de Piracicaba.

No saguão do prédio príncipal do CENA foi montada uma exposição fotográfica relembrando fatos marcantes de sua história. Animadas competições esportivas foram disputadas entre os funcionários, aumentando o clima de confraternização e de festa. Realizou-se também o Segundo Encontro Científico dos Pós-graduandos, visando a atualização dos conhecimentos e intercâmbio entre eles. Finalmente, foram homenageados professores e funcionários aposentados pelos relevantes serviços prestados.

As festividades não aconteceram somente dentro do CENA; promoveu-se também a exposição estadual de selos "São Paulo 96" no Shopping Piracicaba. Outra importante atividade ocorreu em Nazaré Paulista (SP): o segundo workshop do Projeto PiraCena, que teve como tema "A Bacia Hidrográfica como Unidade de Estudo: Estrutura e Processos", reuniu cerca de cem especialistas de vários pontos do país.

O pró-reitor de pesquisa Hugo Aguirre Armelin, representante da Reitoria da Universidade de São Paulo nas festividades de 30 anos, definiu bem a importância da instituição: "O CENA é uma idéia que deu certo. Ao contrário dele, muito outros centros de pesquisa, criados com o mesmo propósito, tiveram de modificar seus objetivos no decorrer do tempo, por não atender às expectativas da comunidade. O que mais impressiona é a sua capacidade de gerar projetos de pesquisa competitivos".

Segundo ele, nos últimos anos, o CENA tem sido uma das unidades da Universidade de São Paulo que mais aprovou financiamentos para realizar tais projetos. "Estão dando bom exemplo, procurando utilizar os recursos existentes dentro da Universidade para tentar resolver os problemas propostos pela sociedade", completa.

Carimbo comemorativo dos 30 anos do CENA, da empresa Brasileira de Correios e Telégrafos, utilizando em correspondências postadas em Piracicaba, em setembro de 1996.

O Reitor da USP, Flávio Fava de Moraes, entre o diretor do CENA, Carlos Clemente Cerri (esquerda), e o diretor da ESALQ, Evaristo Marzabal (direita), na inauguração da Galeria de Fotos dos Ex-Diretores da instituição, em setembro de 1996.

Café da manhã comunitário em comemoração aos 30 anos do CENA em setembro de 1996.

O CENA EM NÚMEROS
1996

Pesquisadores	37
Professores colaboradores	12
Pós-graduandos em mestrado	25
Pós-graduandos em doutorado	65
Alunos de Iniciação Científica	76
Laboratórios	16
Bolsas no curso de Iniciação Científica	24
Bolsas no curso de mestrado	24
Bolsas no curso de doutorado	53
Publicações científicas no *Current Contents-ISI (Institute for Scientific Information)*-1990-1996	40
Dissertações de mestrado defendidas (1995-1996)	14
Dissertações de doutorado defendidas (1995-1996)	14
Projetos de pesquisa em desenvolvimento	68
Acessos diários à Internet (média)	1.000
Ligações telefônicas interurbanas (média mensal)	2.000
Volumes na biblioteca	9.000
Área construída (m^2)	12.000
Área total (m^2)	60.000
Funcionários administrativos	53
Técnicos de nível médio e superior	45

Fontes: APDA (Assessoria de Planejamento, desenvolvimento e avaliação), biblioteca CENA e Anuário Estatístico da USP

Pesquisas do CENA procuram aumentar a oferta e a qualidade dos alimentos produzidos no Brasil.

VI

Trabalhando contra a Fome

A grande contribuição do CENA na luta contra a fome é a obtenção de novas variedades de plantas, em um processo contínuo de melhoramento genético. Os cientistas trabalham também para aumentar a produtividade e melhorar cada vez mais a qualidade dos alimentos, com a aplicação de técnicas não convencionais de pesquisa.

A demanda sempre crescente por alimentos cada vez melhores desafia o agricultor a gerir sua propriedade de forma mais dinâmica, econômica e ecologicamente adaptada. Por outro lado, a necessidade de adequar os produtos agrícolas aos padrões internacionais de qualidade e de viabilizar sua ampla comercialização tem obrigado muitas vezes a se aplicar grande quantidade de insumos para obtenção de alta produtividade.

Como conseqüência, os sistemas produtivos modernos necessitam constantemente ajustar a tecnologia empregada para evitar os efeitos nocivos dos agrotóxicos no produto final e no ambiente. Assim, a busca de novas variedades mais adaptadas e tolerantes a doenças, pragas ou condições de estresse passou a representar uma forma de atingir ganhos significativos de produtividade.

Melhoramento de plantas

A obtenção de novas variedades através do melhoramento genético pode ser conduzida pelo método convencional ou pela moderna biotecnologia. Até recentemente, a transferência de material genético entre variedades ou espécies de interesse econômico, como, por exemplo, frutíferas tropicais e leguminosas, era feita através da hibridação sexual, sendo necessários todos os procedimentos de seleção para conseguir um produto final geneticamente melhorado. Por este processo, demorava-se em média dez anos para obter uma nova variedade de leguminosa e até trinta para uma espécie frutífera perene.

Hoje, as técnicas de manipulação genética de plantas, que incluem a tecnologia do DNA recombinante e a hibridação somática, constituem-se em novas alternativas para a transferência de genes. Elas podem ser efetuadas por vetores plasmidiais, carregando marcadores seletivos, ou através do bombardeamento de partículas, método cada vez mais utilizado em diversas áreas da biologia celular e molecular.

Biologia celular

A seção de "Radiogenética" iniciou seus trabalhos em 1966, antes mesmo do CENA dispor de suas primeiras instalações definitivas. Atuava na área da genética e no melhoramento de plantas por técnicas nucleares. Inicialmente foi escolhida como modelo de estudo para irradiação a *Arabidopsis thaliana* (L.) Heynh., apelidada de "Drosophila vegetal". Pouco tempo depois, começaram os trabalhos de melhoramento genético de plantas por indução de mutações, através de irradiação gama de ^{60}Co, principalmente em arroz e feijão.

Posteriormente, foram estudadas outras culturas como trigo, soja e diversas espécies frutíferas e ornamentais. Estas pesquisas, que exigem pacientes testes de laboratório e longo tempo de experimentação no campo, resultaram, no decorrer dos anos, não só no desenvolvimento de metodologias específicas, como na obtenção de material promissor ou de novos cultivares, alguns deles utilizados pelos agricultores brasileiros.

Em 1995, os laboratórios de Radiogenética e a Fitopatologia e Microscopia Eletrônica se uniram, dando origem à Biologia Celular. Dentre os inúmeros trabalhos desenvolvidos, destacam-se:

Indução de mutação e melhoramento de plantas

Feijão

Várias pesquisas com diferentes objetivos foram realizadas com esta cultura. Em 1975, os técnicos do CENA iniciaram um projeto em colaboração com o Instituto Agronômico de Campinas (SP), visando a obtenção de uma variedade tolerante ou resistente ao vírus

Leguminosa desenvolvida nos laboratórios do CENA: em busca de maior produtividade.

do mosaico dourado, através do tratamento das sementes com raios gama e mutagênicos químicos. Esta doença ataca as folhas da planta, principalmente do feijão da seca, impedindo seu bom desenvolvimento. Conseguiu-se um mutante tolerante, denominado TMD-1, que apresentava, no entanto, baixa produtividade.

A partir dele, iniciou-se um longo processo de cruzamento e seleção com outros materiais, num trabalho conjunto com o Instituto Agronômico do Paraná (IAPAR), em Londrina, e com a FT - Pesquisa de Sementes de Ponta Grossa, também naquele Estado. O resultado foi o cultivar IAPAR-57, de alta produtividade e tolerância ao vírus da doença, que está sendo cultivado com sucesso desde 1992. Ele produz 1 400 kg/ha em locais de ocorrência da doença, enquanto que outras, não tolerantes, produzem apenas 400 kg/ha.

Trabalhando com estas mesmas instituições, o CENA obteve também a precocidade e mudança de hábito de crescimento no cultivar de feijão denominado *Carioca*, líder na preferência dos consumidores. Através da irradiação de sementes com raios gama, conseguiu-se o CAP-1070, que foi o primeiro mutante a ser liberado para plantio. Em 1986, ele foi plantado no Paraná como cultura intercalar, nas entrelinhas ("ruas") dos cafezais. Posteriormente, incluiu-se este mutante em um programa de cruzamento, dando origem ao cultivar FT-Paulistinha, plantado a partir de 1989.

Deve-se aos pesquisadores do CENA também o primeiro relato, na literatura, da ocorrência de um mutante induzido de feijão, com maior altura basal (duas vezes e meia maior que a planta-controle), obtido através do uso de raios gama. Como possui as vagens mais distantes do solo, pode ter interesse para a colheita mecanizada e produzir sementes de melhor qualidade.

Em colaboração com empresas privadas, modificou-se a coloração de certas variedades de feijão, com o uso de mutagênico químico. A partir do cultivar Rio Negro, de sementes de coloração preta e de alta qualidade, conseguiu-se obter um mutante de cor branca com as mesmas características. Além disso, ele demostrou possuir o tipo C de lectina, tratando-se provavelmente da primeira linhagem de feijoeiro a apresentar tal associação. Através desta pesquisa, estabeleceu-se no Brasil a importância da seleção de mutantes de coloração de sementes de feijoeiro, como já havia ocorrido em outros países. Posteriormente, esta metodologia foi adotada pelo Centro de Pesquisa de Arroz e Feijão da Embrapa, em Goiânia (GO).

Arroz

Os estudos de melhoramento de cereais com o uso de técnicas nucleares iniciaram-se em 1966, com financiamento da AIEA. Os trabalhos com a utilização de mutagênicos químicos também envolveram aos poucos outras instituições de pesquisa. Com o IAC/Campinas, foram obtidas linhagens mutantes de arroz precoces e com altura menor. Na pesquisa com a Empasc (Empresa de Pesquisa Agropecuária e Difusão de Tecnologia de Santa Catarina), foram obtidas linhagens altamente promissoras em relação à qualidade de grão.

Em conjunto com o Departamento de Genética de ESALQ/USP, determinaram-se as condições ideais para o uso do produto químico denominado azida sódica em mutagênese de arroz, conseguindo-se também indivíduos mais precoces e com menor altura. Eles estão sendo avaliados, destacando-se até o momento uma linhagem que apresenta porte baixo sem perda de produtividade.

Entre 1992 e 1993, os pesquisadores do CENA efetuaram viagens para coletar amostras de germoplasmas de arroz selvagem brasileiro na região Amazônica e no Pantanal mato-grossense. O trabalho foi efetuado em conjunto com o Departamento de Genética da ESALQ e com duas instituições de pesquisa japonesas, utilizando-se o barco-laboratório *Amanaí II* (ex-*CENA-I*). Até agora, foram coletados germoplasmas de quatro espécies diferentes, que estão sendo estudadas na área de citogenética, genética, bioquímica, biologia molecular, entre outras.

Soja

Demonstrando a utilidade da energia nuclear no melhoramento de plantas, foram obtidas no CENA, em cooperação com a Copersucar, de Piracicaba (SP), linhagens precoces de soja, para utilização nos programas de

Cultura de pimenta-do-reino em Tomé-Açu (PA): planta selecionada na quinta geração.

rotação da cultura com a cana-de-açúcar. Através da irradiação de sementes com raios gama em dois cultivares, surgiram mutantes de sete a dez dias mais precoces que as plantas-controle, sendo que um deles manteve as mesmas características agronômicas do original.

Trigo

Na pesquisa com trigo também em conjunto com o IAC/Campinas, o resultado do trabalho iniciado em 1975 foi conseguir linhagens de porte menor, para evitar o tombamento pelo vento, mais resistentes à ferrugem do colmo e da folha e tolerantes à toxidez de alumínio. A avaliação ainda está em andamento, mas prevê-se que em breve algumas linhagens poderão ser liberadas para o cultivo pelos produtores do Estado de São Paulo.

Pimenta-do-reino

A pimenta-do-reino foi introduzida no Brasil na década de 30 pelos imigrantes japoneses, a partir de estacas trazidas de Cingapura, inicialmente no Estado da Bahia. Mais tarde, passou a ser plantada na região amazônica, principalmente em Tomé-Açu, onde se adaptou muito bem, apresentando alta produtividade. Após o término da Segunda Guerra Mundial, o preço da pimenta subiu excessivamente, devido à quebra da produção mundial, fazendo com que a área de plantio aumentasse rapidamente, sempre através de propagação vegetativa. No entanto, por volta de 1950, apareceu o primeiro sintoma da fusariose, que causa a podridão da raiz. Desde então tornou-se um problema sério para os agricultores.

Para tentar deter o avanço da doença, os pesquisadores do CENA iniciaram experimentos em 1978, com o objetivo de aumentar a variabilidade genética na população da pimenta, por meio da irradiação gama do ^{60}Co e de seleção posterior dos mutantes resistentes à fusariose. Os trabalhos desenvolveram-se com a JICA - Japan International Cooperation Agency — órgão do governo japonês — em Tomé-Açu e com a Cpatu/Embrapa, em Belém (PA). O processo de seleção envolve podas consecutivas e atualmente conseguiu-se obter a sexta geração da planta original, denominada VM_6. Três linhagens mutantes resistentes ou tolerantes à doença foram selecionadas. Após sua multiplicação em 1995, estão atualmente sendo avaliadas no campo.

Cultura de tecidos

O pioneirismo sempre caracterizou a atuação do CENA. Foi ali que, no início dos anos 70, se realizou pela primeira vez no Brasil a reprodução *in vitro* de tecidos vegetais, através de um trabalho conjunto desenvolvido pelos pesquisadores norte-americanos e brasileiros.

O avanço da biotecnologia representou uma importante ferramenta no processo de melhoramento vegetal. Quando se descobriu que era possível obter a regeneração de plantas a partir de células cultivadas *in vitro,* abriu-se um amplo horizonte de pesquisas.

Desta forma, em 1983 foi instalado no CENA um laboratório especializado nesta área, com auxílio da AIEA, FINEP, JICA e da Fundação Mitsui. Os esforços estão atualmente concentrados na pesquisa de cultura de células e tecidos, associada ou não a técnicas nucleares, que permite o avanço rápido das gerações e a triagem de um grande número de plantas em pouco tempo e espaço.

O *citrus* foi a primeira cultura estudada no laboratório de Radiogenética com técnica *in vitro*. Hoje, já foram desenvolvidos seus protocolos específicos, a

1.

2.

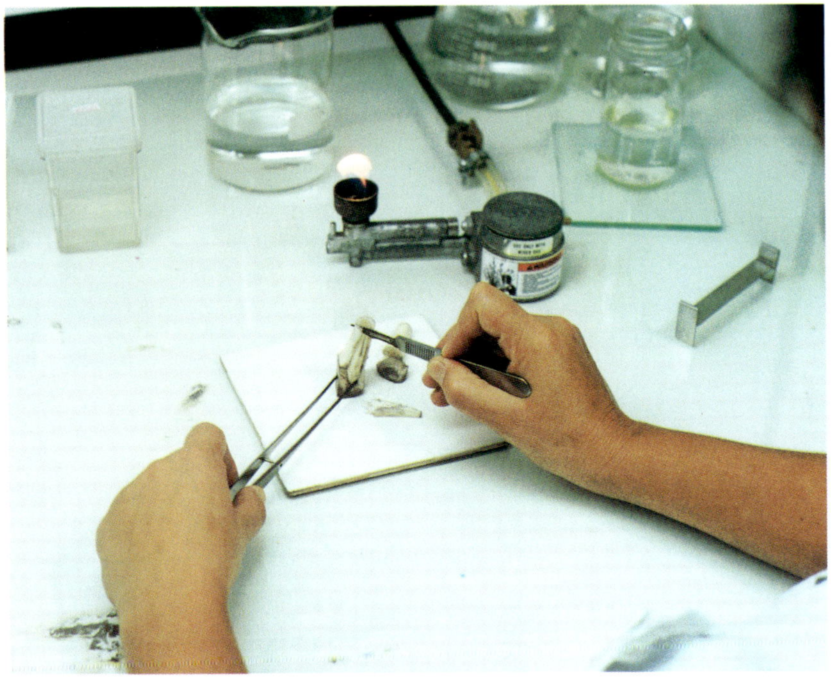

3.

4.

Diversas etapas da técnica de cultura de tecidos:

1. *Planta-mãe no campo.*
2. *Isolamento do ápice meristemático.*
3. *Multiplicação* in vitro.
4. *Vista geral do laboratório de cultura de tecidos.*
5. *Produção de banana obtida a partir de cultura de tecidos.*

5.

partir de nucelos, embriões, calos, células em suspensão e protoplastos com regeneração de plantas, inclusive com a produção de híbridos somáticos, através da fusão de protoplastos.

Outra cultura bastante estudada *in vitro* é a banana, objetivando-se a obtenção de uma maior quantidade de mudas de alta qualidade, através da técnica da micropropagação. Com ela, consegue-se obter em seis meses cerca de 500 a 600 mudas sadias e de qualidade, a partir de uma só planta, enquanto que, pelo método tradicional de propagação vegetativa, o agricultor consegue somente seis ou sete em um ano. Esta tecnologia foi repassada para uma empresa de Campinas (SP), que obteve cerca de 250 mil mudas. Elas já foram plantadas com sucesso por agricultores da Cooperativa Holambra II (Paranapanema, SP) que atualmente estão colhendo sua primeira safra.

Projeto realizado pelo CENA em conjunto com a Faculdade de Agronomia de Ilha Solteira, da UNESP, procura desenvolver mudas de banana-maçã resistentes ao mal do Panamá, cuja incidência já inviabilizou o seu cultivo em várias regiões do Brasil. Partes das plantas (ápices caulinares) foram irradiadas e multiplicadas *in vitro* até a quarta geração e atualmente estão sendo selecionadas no campo.

Mais recentemente iniciaram-se os trabalhos com embriogênese somática, obtendo-se sucesso com as variedades de banana do grupo AAA (*grand naine*) e AAB (*mysore e prata*). Além dos citros e da banana, o laboratório desenvolve pesquisas com outras espécies de importância agronômica, tais como cana-de-açúcar, batata e maracujá, entre outras.

Com relação ao melhoramento do arroz, pela primeira vez no Brasil conseguiu-se estabelecer um sistema de isolamento, cultivo e regeneração de protoplastos originários de calos primários de embriões maduros de sementes. Os primeiros resultados já permitem prever que em breve será possível o seu uso para estudos de fusão de protoplastos e transformação genética.

O laboratório de Radiogenética está ainda realizando um interessante trabalho no campo das plantas ornamentais. Espécimes de crisântemos foram irradiados e, através de podas repetidas, conseguiu-se modificar a coloração das pétalas de rosa-claro para rosa-escuro e branco. Eles foram propagados, dando origem a dois novos cultivares, cujas mudas foram plantadas e já estão sendo comercializadas por agricultores da Cooperativa de Holambra (SP). Como conseqüência, o laboratório já iniciou outro trabalho com uma empresa de Rio Claro (SP) para obter variação nas cores de outra planta, a calatéia. Esta área é muito promissora, pois o mercado de espécies ornamentais é muito dinâmico e está sempre procurando novidades.

Produção de crisântemos em Holambra (SP) com novas cores de flores obtidas no CENA.

Fitopatologia e microscopia eletrônica

O CENA iniciou os trabalhos nas áreas de fitopatologia e microscopia eletrônica em 1970, sob a responsabilidade do Professor Darcy Martins da Silva, já falecido, com o objetivo de estudar doenças em plantas de importância econômica para a agricultura, principalmente causadas por vírus.

Nessa época, foi conduzida uma pesquisa pioneira na América Latina visando levantar os locais de multiplicação de diversos vírus que ocorrem em culturas brasileiras, associando-se as técnicas de microscopia e de auto-radiografia, com o uso de radioisótopos. Desde então, a investigação desse processo bioquímico é rotina no laboratório e pretende-se, com tal estudo, subsidiar pesquisas futuras sobre controle de viroses.

Entre os inúmeros trabalhos realizados, destacou-se a obtenção pela primeira vez do vírus do mosaico dourado do tomate e do feijão e do mosaico da espécie vegetal denominada *Euphorbia*. Foi também identificado um novo vírus em lagarta do bicho-da-seda, que atacou as criações existentes no município de Gália (SP), entre 1976-1977. O vírus, denominado "F", foi relatado no Japão como altamente infectivo.

Atualmente, as principais pesquisas neste setor estão ligadas às doenças dos citros, tais como a "leprose", transmitida por um ácaro do gênero *Brevipalpus*, a "podridão floral", causada por um fungo do gênero *Colletotrichum,* e o "amarelinho", causado pela bactéria do gênero *Xylella fastidiosa*, transmitida pela "cigarrinha". Também são estudadas as doenças da cana-de-açúcar, tais como o mal chamado "carvão" e a síndrome do amarelecimento foliar.

Estudos são ainda efetuados para purificar, identificar e caracterizar viroses de plantas, através de métodos biofísico-químicos. Outra área de atuação é o isolamento e caracterização de fungos fitopatogênicos, visando avaliar a eficiência de fungicidas comerciais. Com o auxílio da microscopia óptica e eletrônica, pesquisam-se ainda a multiplicação dos patógenos no interior das células e tecidos e os danos por eles causados.

Biologia molecular

No início da década de 70, quando foi criado o laboratório de Microbiologia do Solo, as pesquisas ali desenvolvidas procuravam maximizar o efeito benéfico dos microorganismos sobre as plantas, principalmente as de interesse econômico, como algumas gramíneas e leguminosas (cana e feijão). Com o uso de radioisótopos, foi possível avaliar a importância do processo de simbiose, principalmente no que se refere à fixação biológica do nitrogênio na planta.

Esses estudos possibilitaram a obtenção de estirpes superiores de bactérias e fungos, isto é, microorganismos mais tolerantes às condições de estresse ambiental e mais resistentes a doenças. O material está catalogado em diversos bancos de germoplasma no Brasil e no exterior para ser utilizado no melhoramento e seleção de variedades de plantas.

Na etapa seguinte das pesquisas, efetuada nos anos 80, procurou-se compreender melhor esta interação entre a planta e os microorganismos — muito complexa e harmoniosa — e como o ambiente afetava a expressão desta simbiose. Sabe-se que a planta apresenta sinais dessa interação (exsudatos e flavonóides), que promovem a atração do "parceiro ideal" para ela. Com este trabalho, foi possível identificar os genótipos com alta capacidade de associação benéfica com os microorganismos.

Em 1989, os pesquisadores do laboratório foram buscar nos Estados Unidos, especificamente na Universidade da Califórnia, bases de genética molecular para aprofundar ainda mais os estudos. Desta vez, procurava-se detectar os aspectos dessa simbiose pelos quais a planta age, aproveitando, ao mesmo tempo, os microorganismos que lhe são benéficos e se protegendo daqueles que podem lhe causar doenças.

Esses conhecimentos, adquiridos graças à associação de técnicas nucleares e não-nucleares, provocaram uma verdadeira revolução no processo de melhoramento e seleção de plantas. E hoje o laboratório se orgulha de poder oferecer com segurança um sistema produtivo em grãos (feijão e soja) com adequada combinação dessa integração, que possibilita uma economia de adubo nitrogenado de 20 a 40 kg por hectare, em cada ciclo de cultura. As plantas produzidas por esse método são também mais protegidas contra doenças e melhor adaptadas às condições de estresse ambiental, como, por exemplo, o decorrente do plantio em solos ácidos.

Um dos resultados práticos desta pesquisa foi a produção, nos anos 80, de um inoculante comercial, no caso um solo turfoso, que serve de veículo para esse microorganismo benéfico denominado *Rhizobium*. A esterilização do material necessário foi possível graças ao uso da radiação por Cobalto-60. Diversas empresas no Brasil fabricam este produto de muito sucesso, pois contribui para fixar o nitrogênio na planta. Nos anos de pico, a sua produção chegou a 15 toneladas, mas hoje, devido às dificuldades enfrentadas pelo setor agrícola, caiu pela metade.

Em março de 1994 aconteceu a primeira síntese de ácido ribonucleico (RNA) realizada no país, durante um curso promovido pelo laboratório de Biologia Molecular do CENA, em conjunto com o Departamento de Genética do Instituto Agronômico de Campinas. A obtenção desta síntese representa o início do processo de produção de proteínas artificiais para usos medicinais e alimentares.

Preparo de amostras de DNA para análise de RFLP (Restriction Fragment Length Polimorphism) efetuada para detectar similaridades ou diferenças entre plantas.

O laboratório de Biologia Molecular já tem o direcionamento das pesquisas para o novo milênio: pretende introduzir genes que promovam maior tolerância em culturas alimentícias, de alto valor protéico, com pouco uso de fertilizantes. As análises de genomas de frutíferas tropicais (citros, maracujá e banana) deverão também ser intensificadas para facilitar o seu melhoramento genético.

Para aumentar a eficiência e a rapidez do diagnóstico de patógenos em diversas culturas, os pesquisadores utilizam sondas específicas, denominadas "*fingerprints*", que permitem a sua visualização e, conseqüentemente, o seu monitoramento no ambiente. Daqui para a frente, espera-se ampliar cada vez mais este estudo, enfocando-se um número maior de doenças de diversas plantas de interesse econômico.

Desta forma, pretende-se introduzir a utilização de *kits* para efetuar o diagnóstico de doenças de fácil disseminação no ambiente e difícil controle em várias culturas, utilizando-se de sondas de DNA, que possibilitarão a economia de tempo e facilitarão o trabalho.

Outra grande preocupação do laboratório é com a formação e treinamento de pessoal especializado. Periodicamente, realiza cursos destinados a profissionais e estudantes de ciências agrárias. Eles fornecem conhecimentos básicos sobre o uso de técnicas que envolvem a química, a biologia molecular e suas aplicações em ecologia microbiana do solo, visando divulgar a importância do alto poder analítico destes modernos métodos na solução de antigos problemas.

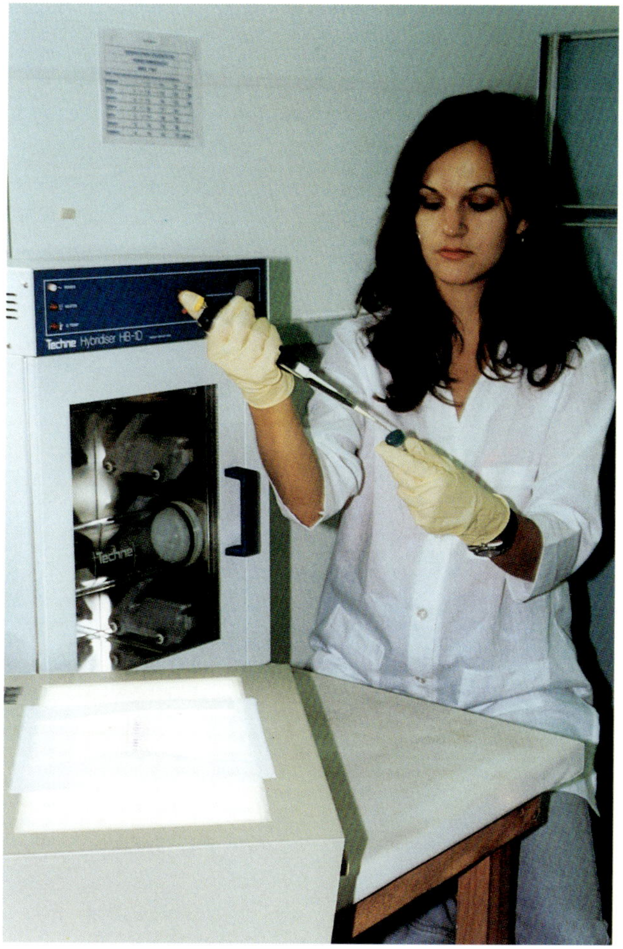

Biologia de proteínas vegetais

Dentro da linha de pesquisa Biologia Molecular, o laboratório de Biologia de Proteínas dedica-se a avaliar a variabilidade protéica em culturas de interesse econômico, visando identificar proteínas polimórficas que possam ser usadas como marcadores bioquímicos em programas de melhoramento.

O estudo de proteínas e sementes iniciou-se em 1972, paralelamente ao estudo de cultura de tecidos, com a vinda ao Brasil de alguns especialistas estrangeiros, como William Sharp, David Evans, Ladislav Sodek. O laboratório tinha então o nome de Bioquímica de Plantas.

Um dos principais estudos realizados a partir de 1979 sobre proteínas vegetais, especialmente as lectinas, foi com a cultura do feijão. O objetivo era pesquisar os fatores antinutricionais que interferem na sua digestibilidade. Efetuou-se o isolamento, purificação e determinação das atividades hemaglutinantes dessas proteínas de dez cultivares daquela cultura, conseguindo-se agrupá-las e relacionar sua estrutura como atividade fisiológica.

Posteriormente, foram estudados outros aspectos dessas lectinas no laboratório de Biologia de Proteínas Vegetais, estruturado em 1984. Esses trabalhos detectaram a ocorrência de lectinas em outros tecidos, verificando-se a interação destas proteínas presentes nas raízes do feijão com microorganismos fixadores de nitrogênio. Também, com utilização de radioisótopos, determinou-se sua capacidade de promover divisão de células, ou seja, a atividade mitogênica foi também relacionada com sua estrutura molecular.

Os estudos com lectinas se estenderam a outras culturas de leguminosas e cereais. O isolamento e a caracterização de proteínas levaram ao estabelecimento de várias metodologias, incluindo a técnica de eletroforese. Assim, o laboratório, que adquiriu considerável conhecimento e experiência sobre o assunto, vem, ao longo dos anos, difundindo esta técnica, através de colaborações científicas, treinamentos e cursos específicos. Como exemplo desta cooperação, foi realizada um investigação, em conjunto com a Embrapa, sobre a origem de quatro variedades comerciais de soja, excluindo-se, pela análise de marcadores bioquímicos, a possibilidade de que uma delas tenha-se originado por mutação.

Outro trabalho foi efetuado com o Instituto Agronômico de Campinas para examinar as similaridades e diferenças na composição protéica de várias linhagens de feijão. A partir disto, é possível estimar as distâncias genéticas entre elas e agrupá-las convenientemente. Da mesma maneira, quarenta acessos de lentilha foram agrupados de acordo com sua origem. Estas informações, obtidas em estágios iniciais de seleção, podem reduzir substancialmente o número de plantas necessárias em um programa de melhoramento genético.

Desde 1995, os pesquisadores vêm desenvolvendo estudos também com o IAC/Campinas sobre o trigo utilizado na panificação. O objetivo é identificar um grupo de proteínas no glúten, que são geneticamente relacionadas com a qualidade da farinha de trigo. Desta forma, poder-se-á indicar novas linhagens com propriedades tecnológicas adequadas, através da composição dessas proteínas, para se investir no melhoramento. Pretende-se ainda detectar as proteínas mais vantajosas do trigo brasileiro destinado à fabricação de massas, a exemplo do que foi feito na Itália e em outros países europeus. Com a utilização desta técnica, conseguiu-se melhorar a qualidade nutricional do macarrão colocado no mercado.

Em outro projeto, em conjunto com o IPEF (ESALQ/USP) e a UNESP (Botucatu/SP), está se aplicando a eletroforese para caracterização isoenzimática em estudos genéticos de diferentes espécies de eucaliptos. Também se realizam estudos para avaliar a diversidade genética entre populações de algarobas (*Prosopis spp.)*, de diferentes procedências, visando a condução de programas de seu melhoramento genético de grande importância econômica para o a região Nordeste do Brasil.

Produção e conservação de alimentos

O Programa objetiva a aplicação de técnicas não-convencionais de pesquisa, principalmente nucleares, voltadas ao aperfeiçoamento das práticas utilizadas na produção e conservação de alimentos. O trabalho envolve diversas áreas científicas:

- *Ciências do Solo*: com destaque para o manejo do solo e da água em seus diferentes aspectos;
- *Ciências Animais*: com ênfase na nutrição e reprodução de animais;
- *Entomologia*: priorizando a ecologia, biologia e controle genético de pragas;
- *Higiene e Conservação de Alimentos*: voltada para a conservação de grãos, olerícolas, frutas e carnes.

Isótopos em nutrição de plantas

A instalação do laboratório de Nutrição Mineral remonta à criação do CENA, na década de 60. Dedica-se a estudar, através de técnicas isotópicas, os diferentes fatores que permitem uma nutrição mais racional das culturas: o uso eficiente de fertilizantes, a dinâmica e as interações de nutrientes no solo e na planta e fontes alternativas de nutrientes, tais como os restos culturais, o lixo, os resíduos urbanos, os "adubos verdes".

O extraordinário crescimento populacional tem aumentado ano a ano a demanda por alimentos. Para supri-la, o homem dispõe de dois recursos: ampliar a área de cultivo, que pode envolver danos ambientais, uma vez que a abertura de novas fronteiras agrícolas exige o desmatamento de áreas hoje florestadas e o aumento de produção por unidade de área. Sabe-se hoje que a utilização de fertilizantes, associada a outras técnicas, como o melhoramento das plantas, o desenvolvimento de novas variedades e o emprego da irrigação, aumenta a produtividade no campo.

Desta forma, o grande desafio é contribuir para a utilização mais adequada da adubação, calagem e na seleção de genótipos mais eficientes ao uso de fertilizantes, visando o aumento da produção de alimentos. Para tanto, o laboratório tem estudado os seguintes aspectos:

Eficiência de fertilizantes fosfatados

Entre os nutrientes que a planta precisa para desenvolver-se bem, o fósforo é o mais escasso. O número de jazidas existentes no mundo é limitado: estima-se que elas podem durar de 50 a 100 anos, se mantidos os atuais níveis de exploração. Outros vão mais além e chegam a correlacionar a sobrevivência dos seres humanos com a quantidade deste elemento que se tiver disponível na natureza.

Por isso, algumas pesquisas têm sido realizadas no CENA visando aumentar a eficiência do fósforo na fertilização, melhorando sua absorção pela planta. Uma delas consiste em estudar o possível aproveitamento deste elemento existente no "lodo de esgoto", ou seja, na massa de microorganismos produzida pelas usinas de tratamento de esgotos domésticos.

Adubação e calagem de culturas comerciais

Além de estudos sobre o milho, cana e soja, estuda-se a aplicação de gesso agrícola na laranja. O gesso pode fornecer dois elementos essenciais para essa planta: o cálcio e o enxofre. Os resultados obtidos permitirão aos técnicos aconselhar os agricultores sobre a metodologia mais adequada de sua aplicação nos laranjais.

Perdas de nitrogênio por volatilização

A preocupação é analisar os mecanismos que reduzem a volatilização da uréia — um dos fertilizantes colocados na terra para garantir um suprimento adequado de nitrogênio — e, conseqüentemente, aumentar a sua absorção pela planta.

Métodos de avaliação da disponibilidade de nutrientes no solo

Em laboratório, são efetuadas análises químicas para determinar o que a planta está extraindo do solo e a sua necessidade de complementação através de adubações.

Fertilidade do solo

O laboratório de Fertilidade do Solo foi criado por ocasião da fundação do CENA, tendo como responsável o professor André Martin Louis Neptune, já falecido. No início da década de 70, ocupava-se em investigar a eficiência de fertilizantes em culturas comerciais, como trigo, milho, feijão, utilizando isótopos. Esses trabalhos foram importantes porque com o uso dessa técnica conseguiu-se demonstrar que a eficiência da adubação nitrogenada girava em torno de 30-40% e não em 70%, como se imaginava até então.

Os conhecimentos adquiridos contribuíram para mudar a base de cálculo da fertilização, e, a partir deles, procuraram-se então novas formas de melhorar a eficiência do processo em diversas culturas. O trabalho permitiu determinar quais são os nutrientes que a planta absorve do solo e quais os provenientes do adubo que lhe é fornecido. Dentre os estudos efetuados, destacam-se:

Feijão

Desde 1972 até 1980, o laboratório se ocupou em estudar aspectos da nutrição e adubação do feijão. Um dos objetivos era verificar a eficiência da adubação foliar. Estudos realizados em 1974-1975 demonstraram que aquela cultura absorve 50% do nitrogênio aplicado via foliar em duas horas, enquanto que o fósforo e enxofre demoram cerca de 16 horas para serem absorvidos. Isto trouxe uma informação importante para o agricultor: ele não precisava se preocupar quando chovesse nos períodos posteriores à aplicação do produto, pois as plantas já tinham aproveitado o suficiente para a sua nutrição.

Café

Em outra pesquisa importante, procurou-se conhecer profundamente o sistema radicular do cafeeiro, possibilitando a determinação de quais raízes são mais ativas, o que permite obter cálculos mais exatos da quantidade de água que necessita. Efetuada com recursos provenientes do extinto Instituto Brasileiro do Café (IBC) na região de Ribeirão Preto (SP), ela contribuiu para aumentar os conhecimentos básicos sobre a fisiologia daquela cultura.

Arroz

A pedido do governo do Pará, o CENA efetuou também estudos visando a adubação de arroz nas plantações a serem feitas na ilha de Marajó (PA). Trata-se de uma vasta área com 64 mil km^2, composta por um emaranhado de cursos d'água e por um sistema único de marés, que sobem até um metro a cada quinze dias. Os técnicos avaliaram esse ecossistema especial e fizeram recomendações para o plantio de arroz, cujo programa só não vingou em larga escala naquela região devido a mudanças na política. De qualquer forma, o conhecimento específico adquirido no trabalho está à disposição dos interessados no Banco de Dados do CENA.

Adubação verde

O uso intensivo do solo na agricultura faz com que ela perca ao longo do tempo a sua reserva de matéria orgânica. Para repô-la, o agricultor deve executar rotação de culturas e, ao mesmo tempo, promover a colocação de esterco. Pode, ainda, efetuar a "adubação verde", que consiste no plantio de leguminosas, incorporadas ao solo antes da cultura definitiva. As pesquisas do CENA possibilitam, através do uso de isótopos, conhecer a transferência dos nutrientes, como nitrogênio, fósforo e enxofre para a cultura subseqüente. Dessa forma, é possível fazer recomendações adequadas e eficientes sobre o processo.

Desde 1994, o laboratório está estudando o aproveitamento de culturas (restos de palhas de arroz, feijão, algodão e outros) como fonte de nutrientes para as que forem plantadas posteriormente. Serão testados alguns tipos, como a *mucuna, crotalaria, pueraria* e a *sesbania* em três locais diferentes: em culturas de arroz e milho em Manaus (AM) e Belém (PA) de arroz em Pelotas (RS) e Patos da Paraíba (NO). Sabe-se que essas leguminosas podem fixar nitrogênio atmosférico, em um processo denominado fixação simbiótica.

Por isso, em alguns casos, como no plantio de milho, a incorporação prévia de um adubo verde pode

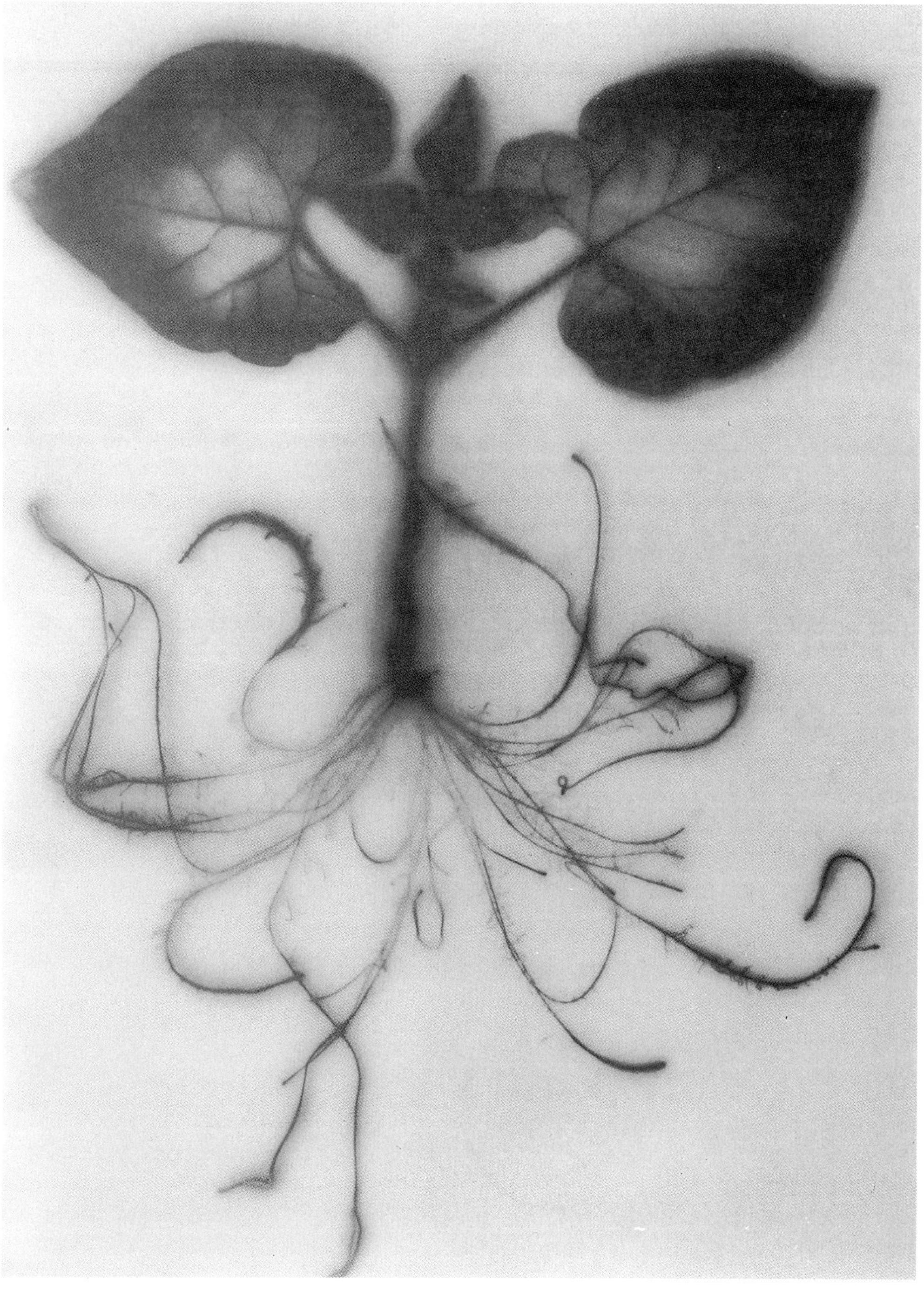

Auto-radiografia de um feijoeiro com fertilizante radioativo utilizada em estudos sobre eficiência da adubação foliar.

até dispensar o uso de fertilizantes nitrogenados, representando uma considerável redução nos custos de produção. Os resultados das pesquisas devem trazer informações mais completas sobre a sua absorção, visando aumentar a sua eficiência.

Avaliação de lixo urbano como fonte de nutrientes

Nos últimos três anos, com recursos provenientes da Fundação Banco do Brasil, os técnicos do CENA vêm estudando compostos de lixo urbano de diferentes origens para determinar seu aproveitamento como fonte de nutrientes e também a possível contaminação das plantas por metais pesados em decorrência do seu uso. Os experimentos foram feitos com alface, um vegetal de ciclo rápido. Até agora, pelos resultados colhidos, os índices de contaminação não foram significativos, ou seja, não são prejudiciais à saúde. Os estudos devem continuar com a cenoura e o rabanete, e, devido às suas características, as conseqüências podem ser diferentes.

Manejo e conservação do solo e da água

O laboratório de Física de Solos objetiva estudar os processos dinâmicos que ocorrem nos solos e sua integração com a planta, principalmente aqueles relacionados com a movimentação da água, de solutos e de gases, visando à otimização do manejo e conservação do solo e da água na agricultura.

Sonda de nêutrons utilizada para a avaliação do balanço hídrico em cultura de aveia, em São Carlos (SP).

Um dos pioneiros nesse estudo foi Klaus Reichardt, 55 anos, que ainda estudante, em 1961, como bolsista de Iniciação Científica do CNPq, usou radiações gama para medir as propriedades físicas do solo. Em 1963, formou-se engenheiro agrônomo pela ESALQ e ali desenvolveu sua tese de doutorado (1965). Já como professor assistente da primeira cadeira de Física e Meteorologia, efetuou estudos para livre-docência (1965-1968), sob a orientação do perito da AIEA Benjamin Zur.

O professor foi então para Davis, Califórnia (EUA), em 1968, para aperfeiçoar seus estudos. Quando voltou em 1971, com o *Ph.D.*, encontrou o CENA já funcionando, com três alunos de mestrado à sua espera. Inicialmente o laboratório estava instalado no porão existente embaixo da casa de vegetação. Reichardt — professor titular da ESALQ e colaborador do CENA — acredita que a sua maior contribuição pessoal é ter formado mais de 70 profissionais, que estão divulgando em diversos locais as técnicas e informações obtidas.

No decorrer do tempo, sua equipe vem acumulando experiências em técnicas voltadas para a caracterização e modelagem dos processos dinâmicos da água no solo em sistemas agrícolas, utilizando-se freqüentemente os vantajosos recursos da energia nuclear, tais como:

Moderação de nêutrons

É uma técnica bastante tradicional, que usa instrumentos comerciais portáteis — sondas de nêutrons — para experimentação em campo, permitindo a avaliação instantânea da quantidade de água existente no terreno em diferentes profundidades, sem a necessidade de efetuar amostragens de solo. Ela é bastante empregada para determinar a demanda de água de diferentes culturas agrícolas. Tal informação é fundamental para o manejo adequado da água na agricultura, especialmente em sistemas de irrigação.

Traçadores radioativos

A incorporação de elementos radioativos às moléculas de diferentes insumos agrícolas, como a do ^{14}C em inseticidas e herbicidas e o N^{15} em fertilizantes nitrogenados, permite o estudo detalhado do seu comportamento no sistema solo/planta/atmosfera. Este conhecimento é indispensável a seu uso correto e à modelagem do seu destino no ambiente, oferecendo subsídios para uma compreensão abrangente da dinâmica global de tais produtos. Os experimentos efetuados no CENA também contaram com a colaboração de técnicos da AIEA.

Trabalhos recentes nesse sentido foram desenvolvidos pelos pesquisadores do CENA, em colaboração com o NPDIA/Embrapa, IAC, IF/USP, IFSCar/USP, fornecendo parâmetros básicos necessários aos estudos multidisciplinares mais complexos de modelagem dos processos dinâmicos para previsão do destino de herbicidas no solo. Os experimentos são efetuados em Piracicaba e no município de Pindorama (SP).

Mapeamento da redistribuição de radioisótopos no solo

Utilizando detectores semicondutores de alta resolução e sensibilidade, é possível quantificar e mapear a presença de radioisótopos no solo, provenientes de *fallout*, que é a deposição de material radioativo, distribuído em todo o planeta, em decorrência dos testes nucleares efetuados no Hemisfério Norte principalmente nos anos 50 e 60. O Césio-137 é um dos elementos presentes, cujas características e comportamento permitem avaliar a movimentação do solo, provocada pelas erosões ocorridas no período posterior à sua deposição.

A análise da redistribuição dos radioisótopos que acompanham o terreno erodido permite a quantificação da intensidade média do processo erosivo no referido período e o mapeamento das áreas de perdas e acúmulo de solo. Os pesquisadores estão se preparando atualmente para efetuar tais estudos em áreas de interesse na bacia do rio Piracicaba.

Tomografia computadorizada de raios gama

As aplicações da atenuação de feixes de raios gama são bastante antigas nos laboratórios do CENA. Ela é importante ferramenta de trabalho nos estudos sobre os processos dinâmicos da água e solutos no solo e na avaliação do estado da sua compactação, decorrente de seu manejo agrícola.

Atualmente, tal técnica está incorporada a um sistema computarizado de controle, aquisição e processamento de dados, bem como de movimentação de amostras, permitindo a obtenção de imagens tomográficas do objeto analisado. O tomógrafo de raios gama, ainda em fase de testes, permite inúmeras aplicações complementares, tais como a avaliação do desenvolvimento radicular das plantas, de forma não-destrutiva, sob condições simuladas de solo e a caracterização da estrutura e espaço poroso em amostras indeformadas de solo.

Segundo os pesquisadores de Física do Solo, dentre as principais conquistas desse laboratório destaca-se o desenvolvimento de dois métodos específicos destinados à melhor compreensão da dinâmica da água no solo: um para medir a condutividade hidráulica e outro para quantificar a difusividade da água. Hoje eles são adotados internacionalmente. Também as pesquisas efetuadas com a utilização de sonda de nêutrons para medir a quantidade de água no solo foram importantes, pois ajudaram a entender melhor os processos físicos que ocorrem no solo relacionados com a produtividade agrícola.

Outra contribuição importante foi detectar, com o uso de técnicas nucleares, a poluição de águas subterrâneas por herbicidas e fertilizantes, principalmente por nitratos, alertando para a necessidade de uma maior conscientização dos produtores sobre as dosagens utilizadas. Os técnicos do CENA desenvolveram ainda um novo método de análise granulométrica de solos, baseado na atenuação de um feixe de radiações gama, que levou a Embrapa a construir um protótipo de "Analisador Granulométrico de Solos", atualmente em fase de patenteamento. O laboratório colaborou também diretamente no estabelecimento da técnica de Tomografia em Solos, em nível nacional e internacional, também baseada na atenuação de radiações gama.

Um dos desafios que se coloca hoje é o melhor aproveitamento prático dos conhecimentos adquiridos ao longo do tempo. O CENA já dispõe de técnicas avançadas que permitem uma ampla e detalhada caracterização do solo do ponto de vista físico. A partir de agora é necessário aumentar a integração desse esforço de forma multidisciplinar, na busca de soluções práticas mais adequadas para o manejo dos solos agrícolas e conservação de ecossistemas.

Nutrição e reprodução de animais

O laboratório de Ciências Animais foi criado com o objetivo de estudar os fatores relacionados com a nutrição, o manejo e a reprodução que afetam a produtividade do rebanho nacional, considerada ainda muito baixa. Nesse campo, as principais pesquisas efetuadas foram:

Vacina contra dictiocalose bovina

Entre 1976 e 1985 os estudos se concentravam no desenvolvimento de uma vacina irradiada contra vermes pulmonares. O processo consistiu em tornar inativas, através de irradiação por raios gama, as larvas de *Dictyocaulus viviparus* presentes nas fezes do animal, impedindo assim que elas atingissem a fase adulta. Essas larvas inativas eram fornecidas aos bovinos por via oral e levavam o animal a produzir anticorpos. Em contato com larvas infestantes, os animais vacinados apresentavam resistência e não contraíam a doença.

Essa vacina já existia na Inglaterra, mas era produzida por outra metodologia, isto é, a atenuação das larvas era feita por raios X. No Brasil, ela foi fabricada com sucesso pela primeira vez nos laboratórios do CENA, com o uso da fonte de cobalto. Administrada em bezerros, demonstrou sua eficácia: os animais vacinados apresentaram 33 vermes, enquanto que o grupo de controle, 315 vermes nas amostras analisadas.

Apesar de essa doença continuar afetando grande parte dos rebanhos brasileiros, principalmente nas re-

Coleta de sangue em animal que recebeu radioisótopos por via endovenosa para estudos de metabolismo de minerais.

giões do Vale do Paraíba e sul de Minas Gerais, a pesquisa não pôde progredir ainda, por falta de interesse da indústria farmacêutica em patrocinar tais estudos. Eles deveriam ser retomados, desta vez com a cooperação de veterinários especializados.

Avaliação das fontes não-convencionais de suprimentos minerais e resíduos fibrosos para os ruminantes

Desde 1975, o laboratório vem estudando aspectos da nutrição mineral que afetam a produtividade dos rebanhos, principalmente as deficiências de fósforo e cálcio. Na fase inicial, trabalhava-se com microorganismos existentes no rúmen, com o emprego de técnicas radioativas, tentando detectar as deficiências de fósforo. No decorrer do tempo, foram desenvolvidas técnicas de "traçadores em vivo", ou seja, injeta-se uma dosagem baixa de material radioativo para estudar o metabolismo do animal.

Com o domínio dessa metodologia, foi possível também avaliar as diferentes fontes de fósforo normalmente utilizadas na alimentação bovina. A mais comum delas, o fosfato bicálcico, tem alto custo, pois é importado, chegando a representar até 70% do custo final da ração. Os estudos visaram o aproveitamento de algumas fontes naturais existentes no país, como os fosfatos de rocha, que demostraram ser bem absorvidas pelos animais e possuir a mesma eficiência nutricional do fosfato bicálcico. No estágio atual dos trabalhos, essas fontes estão sendo aplicadas no campo, em algumas fazendas particulares, com o objetivo de colher resultados a longo prazo.

Usando a técnica de "traçadores", o laboratório vem atualmente desenvolvendo estudos específicos do metabolismo para avaliar as exigências nutricionais de fósforo e cálcio em várias espécies de animais. Até agora, o material disponível a respeito é baseado em informações vindas de outros países, que podem ser diferentes da nossa realidade.

A aplicação de radiação através de feixes de elétrons em subprodutos agroindustriais, tais como as palhas, o bagaço de cana, polpas de frutas e vegetais, pode contribuir para melhorar a digestibilidade do material, aumentando a disponibilidade de nutrientes para os ruminantes. Os resultados obtidos até agora demonstram que esses resíduos fibrosos, quase sem valor comercial, quando irradiados podem ser aproveitados como componentes da dieta dos ruminantes. O objetivo do trabalho é baratear o custo da ração, que, fornecida em épocas estratégicas aos animais, melhora a oferta de nutrientes.

Os pesquisadores observam que por enquanto os agricultores brasileiros usam pouco esses produtos, mas que, no futuro, eles representarão uma boa alternativa de suplementação alimentar do rebanho, principalmente se utilizarem matérias-primas abundantes disponíveis em áreas próximas às suas propriedades.

Avaliação do estado nutricional e reprodutivo dos rebanhos

Há sete anos, o laboratório vem estudando aspectos nutricionais e reprodutivos dos bovinos, partindo do princípio de que a produtividade do rebanho é baixa por vários motivos, mas principalmente pelo manejo inadequado ou por deficiências na alimentação. O radioimunoensaio tem sido usado para efetuar dosagens de hormônios, fornecendo subsídios para caracterização dos ciclos reprodutivos de diferentes espécies e também para diagnosticar eventuais distúrbios reprodutivos.

Com a técnica de radioisótopos é possível a observação da freqüência com que as vacas retornam à atividade ovariana no pós-parto. Os pesquisadores do CENA colheram amostras de leite semanalmente de vacas das raças nelore, caracu e gir durante os primeiros 120 dias de pós-parto. Após dosar o teor de progesterona por radioimunoensaio, concluíram que as vacas gir retornaram à atividade ovariana significativamente mais tarde que as demais.

Trabalhando com vacas mestiças de pequenos produtores de leite na região de Barretos (São Paulo), os pesquisadores demonstraram também que uma proporção menor de animais com parto na época das secas apresentaram atividade ovariana antes dos 60 dias após o parto. Associando essas informações com aspectos da nutrição do animal, a qualidade do seu alimento e o tipo de manejo que recebe, é possível fazer recomendações práticas aos produtores, às vezes muito simples, que resultam em obtenção de maior produtividade.

Estudo da inter-relação da nutrição com a parasitologia

Neste campo, estuda-se o efeito de diferentes níveis de alimentação no comportamento dos parasitos causadores de doenças gastrointestinais nos animais. O objetivo é recomendar o uso estratégico de vermífugos, permitindo a redução dos custos e aumentando a produtividade.

Controle e quarentena de pragas

A Radioentomologia teve início no CENA em 1968, com o objetivo de efetuar estudos na área de controle de pragas agrícolas através de técnicas nucleares e manejo biológico. Inicialmente, utilizava a radiação gama no controle de pragas do feijão, arroz, soja e trigo armazenados. O processo demonstrou ser bastante eficiente, possibilitando a conservação dos produtos em condições de consumo por um longo período de tempo.

No decorrer dos anos, o laboratório formou um amplo banco de dados sobre as técnicas e métodos de desinfestação de grãos, cereais e farinhas, disponível a todos os interessados. Os principais trabalhos na área desenvolveram-se da seguinte forma:

Controle da broca da cana-de açúcar

De 1974 a 1980, os pesquisadores do CENA concentraram suas atividades no estudo da broca da cana-de-açúcar, com o objetivo de controlar esta praga através da "técnica do inseto estéril", altamente específica e inócua ao ambiente. Ela demonstrou ser comprovadamente eficiente em gaiolas de campo. O programa desenvolveu metodologias eficientes de criação massal da praga em bagaço de cana e determinou a dinâmica populacional das regiões canavieiras do Estado de São Paulo. Foi também efetuado no CENA o primeiro trabalho em simulação para previsão de ocorrência da praga.

Controle da mosca-das-frutas

A mosca-das-frutas é uma das pragas que mais preocupam os fruticultores. Nos laranjais, é responsável por perda de pelo menos 15% da produção. Ataca também outras culturas, tais como goiaba, acerola, maçã e pêssego, podendo causar até perda total das plantações. Ela deposita seus ovos nas laranjas ainda no pé e, em decorrência disso, as frutas caem e apodrecem. Desde 1973, os técnicos do CENA vêm estudando o seu combate. A liberação de insetos estéreis vem sendo cogitada como meio de controle dos insetos adultos, associada ao controle biológico das larvas através de parasitóides. Essas pequenas vespas, importadas da Flórida (EUA), inoculam seus ovos nas larvas das moscas que se encontram no interior das frutas, matando-as.

O CENA obteve tanto sucesso na criação dessas pequenas vespas, que está produzindo atualmente dois milhões por mês, pretendendo expandir a criação para doze milhões brevemente. A eficiência dessa técnica de controle da mosca-da-frutas já foi comprovada pela liberação dos parasitóides em uma fazenda citrícola localizada em Itapetininga (SP). Estudos mais detalhados estão sendo realizados atualmente no Centro de Citricultura Sylvio Moreira, em Cordeirópolis (SP).

Ecologia e comportamento de insetos pragas

Visando o correto e adequado controle de pragas, os pesquisadores do CENA vêm estudando detalhadamente o comportamento dos insetos em condições de campo. Para tanto, muitas vezes, a única técnica viável para seu rastreamento é a marcação com radioisótopos. Ela possibilita estudos de raio de vôo, longevidade, eficiência de controle e desenvolvimento das pragas.

Irradiação como tratamento quarentenário para pragas

O Brasil começou a se interessar só recentemente pelos assuntos relacionados com a quarentena de produtos, devido às exigências sempre crescentes dos compradores, com relação à sua conservação e esterilização. Ao contrário, países mais adiantados, tais como Estados Unidos, Israel e alguns do bloco soviético, partiram rapidamente da pesquisa avançada para a aplicação prática.

Desde 1985, os grandes importadores, como os Estados Unidos e o Japão, proibiram a utilização de tratamentos químicos das frutas, visando a desinfestação, principalmente aqueles que utilizam o dibrometo de etileno, altamente tóxico. Outra alternativa seria efetuar tratamentos térmicos, que, no entanto, trazem os problemas de acelerar o amadurecimento das frutas e prejudicar a sua aparência. A utilização do brometo de metila e fosfina para desinfecção ainda é efetuada, mas também a partir do ano 2001 será proibida nos Estados Unidos.

Em decorrência disso, atualmente, o Brasil encontra barreiras para explorar os mercados mais exigentes, exportando apenas para alguns países europeus, que, por sua vez, estão prestes a adotar também esta proibição. Segundo os pesquisadores do CENA, a única saída possível para aumentar a competitividade seria utilizar a irradiação para tratamento dos produtos a serem comercializados. Como ainda é um método caro e pouco difundido, eles acreditam que o processo deverá ser inicialmente empregado para aqueles de maior valor agregado, como carnes e especiarias.

Higiene e conservação de alimentos

Esta linha de pesquisa estuda os efeitos das radiações ionizantes sobre as características físicas, químicas, microbiológicas, sensoriais e sobre as propriedades nutritivas dos alimentos.

O CENA foi a porta de entrada pela qual a tecnologia de irradiação de alimentos introduziu-se no Brasil. Ali se realizou, em 1968, o primeiro curso internacional sobre o assunto, com o patrocínio da FAO/AIEA, e, desde então, começaram os estudos sistemáticos sobre conservação de alimentos. Inicialmente, as pesquisas visavam controlar pragas em grãos armazena-

Diachasmimorpha longicaudata: *parasitóide produzido no CENA, para ser usado no controle biológico da mosca-das-frutas.*

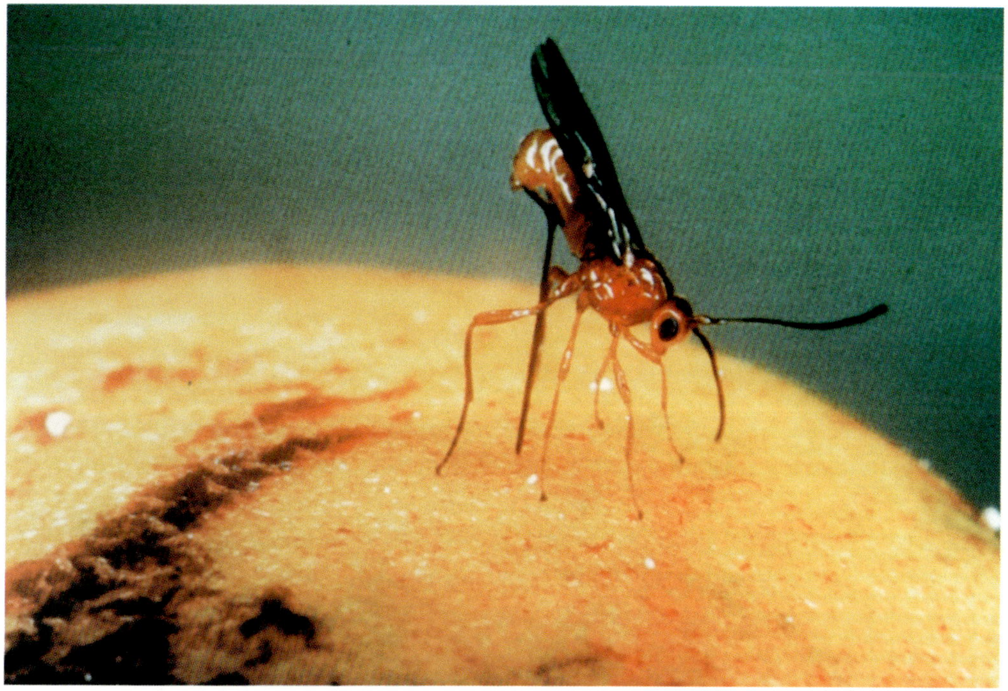

Produção de mosca-das-frutas no CENA, utilizadas na técnica do inseto estéril para controlar a praga nas lavouras.

dos, tais como feijão e arroz, e deter os brotamentos em produtos hortícolas; eram efetuadas com a utilização de uma fonte de Cobalto-60, tipo *Gammabeam* 150-B.

Em 1974, o CENA conseguiu adquirir uma nova e mais moderna fonte de radiação gama (*Gammabeam* 650) com atividade de 30 000 curies. Iniciou-se então uma nova fase das pesquisas com outros produtos, principalmente frutas, como manga, mamão e pêssego. Elas pretendiam retardar o amadurecimento, aumentando assim consideravelmente a sua vida útil.

O processo consiste em submeter à radiação ionizante (raios gama, raios X e elétrons acelerados) os alimentos já embalados ou a granel. A interação da matéria com a irradiação é bastante complexa, mas três aspectos são particularmente importantes para a conservação: a inibição das divisões das células vivas pela alteração de suas estruturas celulares; as reações bioquímicas que ocorrem nos processos fisiológicos dos tecidos vegetais e a alteração das paredes celulares.

Este tipo de pesquisa enfrenta um bloqueio em nível nacional, pois ainda não existe no país a utilização comercial destes processos de conservação de alimentos. Por isso, todo o conhecimento adquirido está armazenado em um grande banco de dados que só agora começa a ser viabilizado.

Por outro lado, segundo os cientistas, seria exagero dizer que a irradiação pode também resolver o problema da armazenagem das safras no Brasil que, muitas vezes, são estocadas em condições inadequadas e se perdem por problemas administrativos e políticos. Mas, sem dúvida, ela é um importante instrumento para aumentar a conservação dos alimentos. Atualmente, o CENA detém a tecnologia necessária para sua aplicação imediata, e durante todos esses anos vem fornecendo consultas técnicas ao governo e a empresas particulares interessadas.

Outro trabalho pioneiro foi realizado no CENA com a utilização de radiação gama na conservação de suco concentrado de laranja. As características do produto irradiado foram exaustivamente estudadas, pois o objetivo era substituir o processo de pasteurização, hoje utilizado pela indústria. Os resultados alcançados nesses primeiros estudos apresentaram problemas de alteração no sabor, pois os técnicos trabalharam com o suco proveniente da indústria, que já havia sofrido diversos tratamentos químicos. Mas esta metodologia foi aprovada quando testada no suco da maçã, feita em escala experimental. O produto ficou mais claro, com melhor aspecto, e não apresentou alterações químicas ou microbiológicas, havendo já alguns interessados na sua comercialização.

Um grande passo foi dado no ano de 1996 com a aquisição de um irradiador de Cobalto-60 semicomercial, com atividade inicial de 100 000 Ci que será instalado no CENA para fins de pesquisa e irradiação em escala piloto. Esse investimento, orçado em 1,2 milhão de dólares, se diluirá no tempo, quando se analisam os custos de operação e manutenção do equipamento. O custo de irradiação por tonelada varia de 10 dólares, para doses baixas (1*kGy*), até 250 dólares, para doses altas (30 *kGy*). Segundo os pesquisadores, tais custos são competitivos em relação a outros tratamentos convencionais e, em muitos casos, a irradiação é menos onerosa e mais segura.

Esse irradiador permitirá a realização de novas pesquisas, envolvendo experimentos em escala comercial com produtos de interesse econômico, objetivando a transferência de tecnologia para a indústria. Além disso, visando a abertura do mercado internacional com os países do Mercosul, foi firmado um convênio entre o CENA e a Universidade Nacional del Sur, de Baía Blanca, na Argentina. O objetivo é selecionar os cultivares comerciais de cebola e alho mais apropriados para serem submetidos à radiação gama, avaliando suas características físicas, químicas e sensoriais.

Considerando que a irradiação é atualmente uma tecnologia capaz de garantir a produção de alimentos de origem animal, livres de patógenos e parasitos, os pesquisadores do CENA vão determinar a radio-resistência desses agentes causadores de doenças mais freqüentes em derivados animais, estabelecendo a dose ideal para não comprometer o seu sabor e qualidade.

Fonte de Cobalto-60 (Gammabeam 650)*: usada em inumeros experimentos no CENA.*

Banana para exportação: radiação prolonga a vida útil das frutas.

Floresta de igapós no Alto do Rio Negro em março de 1995.

VII
Em Defesa do Ambiente

A conservação e o manejo adequado dos principais ecossistemas brasileiros é uma das grandes preocupações do CENA, que, através de estudos sobre seus processos funcionais e as alterações causadas pela ação do homem, vem trabalhando em defesa do desenvolvimento sustentado, com a utilização racional dos recursos naturais.

Funcionamento de ecossistemas tropicais

O termo "mudança global" foi recentemente incorporado à realidade do homem para caracterizar um dos graves problemas do mundo moderno. Ele se refere às drásticas interferências que o planeta vem sofrendo nas últimas décadas, por causa das atividades antropogênicas e suas conseqüências sobre o funcionamento dos ecossistemas.

Nas regiões mais desenvolvidas dos trópicos, o aumento populacional e a expansão das atividades agroindustriais determinam uma utilização crescente dos recursos naturais, principalmente os hídricos. O aumento de sua demanda leva ao perigo da exaustão, ao mesmo tempo em que os dejetos produzidos pelas populações põem cada vez mais a sua integridade em risco.

Por outro lado, nas áreas menos evoluídas, os problemas mais preocupantes são as mudanças no uso da terra, com destaque para a derrubada e queimada das florestas tropicais. Sabe-se que tais práticas inevitavelmente provocarão grandes alterações no ambiente, mas ainda pouco se estudou a respeito. Dessa forma, a conservação e o manejo adequados dependem da extensão dos conhecimentos sobre sua estrutura e seus principais processos funcionais.

Dentro do objetivo estratégico Funcionamento de Ecossistemas Tropicais, dois programas principais são conduzidos no CENA: Ecossistemas Naturais e Alterados. O primeiro permite o estabelecimento de uma linha-base, com a qual possam ser comparados os resultados obtidos nos estudos efetuados no segundo programa.

Ecossistemas naturais

Na linha de pesquisa Ciclos Biogeoquímicos procura-se conhecer os processos controladores, a dinâmica dos principais bio-elementos (carbono, nitrogênio, fósforo e enxofre) e demais elementos correlatos (cálcio, magnésio, sódio e potássio), através das interfaces solo-planta-atmosfera-hidrosfera. Esses estudos são conduzidos no laboratório de Química do Solo, cujas pesquisas no decorrer dos anos evoluíram da seguinte forma:

Húmus dos solos no Brasil

Os trabalhos tiveram início na década de 70, com o objetivo de compreender o comportamento da matéria orgânica sob clima tropical. Para sua realização, a equipe do CENA contou com o apoio do cientista B. Volkof, da Orstom (Institut Français de Recherche Scientifique pour le Développement en Coopération), da França. Foram obtidos relevantes resultados na classificação qualitativa e quantitativa dos tipos de húmus dos solos brasileiros.

Atividade da biomassa microbiana

Para melhor compreender a dinâmica da matéria orgânica, a equipe passou então a estudar a integração do húmus com os demais constituintes do solo, com o uso de radioisótopos. Os estudos concentraram-se na *biomassa microbiana* que, junto com o húmus, é o maior fornecedor de nutrientes para as plantas.

No início, a metodologia foi usada para avaliar o efeito da introdução da cana-de-açúcar sobre a biomassa microbiana do solo. Com o tempo, foram estudados também os efeitos do desmatamento e da introdução de pastagens na atividade da biomassa microbiana dos principais solos da Amazônia e do Pantanal mato-grossense. Atualmente, o laboratório está capacitado para determinar a biomassa microbiana de carbono, de nitrogênio e, brevemente, de fósforo. A metodologia já foi divulgada para os técnicos da Embrapa e de outros centros de pesquisa da Argentina e da Venezuela.

Fluxo do carbono no sistema atmosfera/planta/solo

O estudo dos processos de decomposição da matéria orgânica incorporada ao solo e de alguns dos processos fisiológicos das plantas era feito com o auxílio do material "marcado" com Carbono-14 em diversos laboratórios do mundo. Visando o barateamento e a racionalização das pesquisas, foi construído em 1987 no CENA, com financiamento da AIEA e colaboração de especialistas estrangeiros, um equipamento específico para esta finalidade, denominado câmara de biossíntese para marcação contínua e homogênea de plantas com ^{14}C e ^{15}N. Ele possibilitou a realização de inúmeros estudos com várias culturas de interesse econômico e a publicação de diversos artigos em revistas científicas.

Dinâmica da matéria orgânica em cana-de-açúcar

Na década de 80, o conhecimento adquirido sobre o comportamento da matéria orgânica no solo foi aplicado à cultura de cana-de-açúcar. Naquela época, aumentou-se muito a sua área de plantio para suprir a necessidade de fabricação de álcool combustível, gerada pela crise mundial do petróleo. Foi desenvolvida uma metodologia que emprega o ^{13}C como "traçador" natural para quantificar os ganhos e perdas de carbono nas lavouras canavieiras. Através dela, foi possível determinar quanto tempo a matéria orgânica persiste no solo e qual a sua origem, ou seja, se provém da lavoura de cana ou se já estava presente, originária da cobertura vegetal anteriormente existente.

Fazenda Nova Vida (RO): área de pastagem formada após queimada e analisada pelos pesquisadores do CENA.

Diversos experimentos foram efetuados na Usina Capuava (Piracicaba, SP) e, através da análise de amostras de terra e de formulação de equações matemáticas, foi possível detalhar um método que até hoje é considerado o único meio capaz de quantificar a matéria orgânica remanescente de florestas nos agrossistemas e distingui-la daquela introduzida pela decomposição de restos culturais. Este método foi amplamente divulgado em várias partes do mundo em simpósios e publicações especializadas.

Ciclo do carbono no solo após o desmatamento e uso agrícola na Amazônia

Entre 1982 e 1989, aproveitando-se a existência no CENA de técnicos de alto nível, provenientes de diversos países, montou-se uma equipe multidisciplinar sob a coordenação do Professor Carlos Clemente Cerri para efetuar um programa de pesquisa destinado a conhecer mais sobre os estoques de carbono existentes nos solos da Amazônia. Essa região vinha despertando o interesse da comunidade científica internacional em virtude das notícias de elevadas taxas de desmatamento anual das suas florestas. O resultado desse trabalho, financiado pela Comunidade Econômica Européia (CEE), foi a realização do mapeamento dos estoques de carbono existentes nos solos da Amazônia. Todas as informações obtidas serão brevemente publicadas em livro, editado pela Orstom.

Devido à extensão da Bacia Amazônica e à diversidade de combinações entre solos, estão sendo tam-

Mapeamento dos estoques de carbono existentes nos solos da Amazônia.

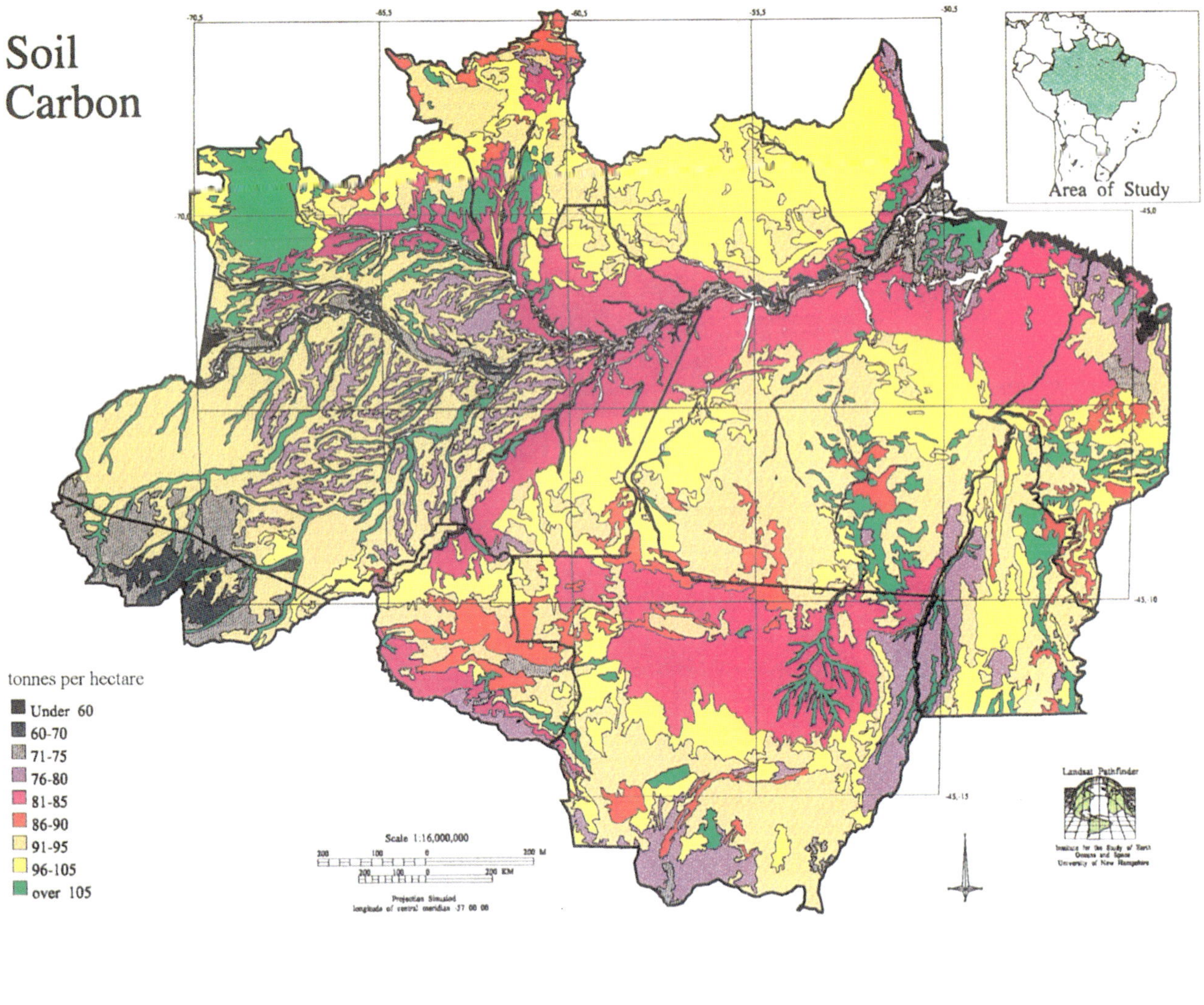

bém realizados estudos aplicados de geoestatística e sensoriamento remoto, visando determinar a variabilidade espacial em áreas menores de elementos existentes no solo, como o carbono, o nitrogênio e outros. Desta forma, será possível aprimorar ainda mais o mapa dos estoques de carbono da região.

Mudanças do uso da terra e processos ecológicos na bacia Amazônica

O conjunto de dados acumulados ao longo de cinco anos de estudos na Amazônia foi o motivo para o prosseguimento de pesquisas naquela região. Em cooperação com cientistas norte-americanos do The Ecosystems Center (Massachusetts, EUA), a equipe do CENA iniciou, em 1992, um projeto para estudar as mudanças do uso da terra e processos ecológicos na Bacia Amazônica, que ainda está em andamento. Os trabalhos de campo foram realizados na fazenda Nova Vida, em Rondônia, e procuram transferir a metodologia adquirida com o estudo da cana-de-açúcar para as pastagens existentes na Amazônia.

Pelos resultados obtidos até agora, concluiu-se que esse tipo de exploração agrícola, desde que bem manejada e controlada, não provoca a degradação do solo da região. Ao contrário, aumenta o estoque de matéria orgânica e nitrogênio, embora seja destrutiva do ponto de vista da biodiversidade, por ser uma atividade extensiva.

Um desdobramento desse trabalho foi a associação da existência da matéria orgânica e a análise dos gases provenientes da respiração do solo. Sabe-se que a prática da queimada na região amazônica, efetuada para formação de pastagens, libera gás carbônico para a atmosfera, contribuindo para o aumento do "efeito estufa". Para tanto, analisou-se a emissão do gás carbônico (CO_2), do óxido nitroso (N_2O) e do metano (CH_4).

Nos próximos três anos pretende-se continuar esses estudos, buscando maior detalhamento em aspectos ainda não-elucidados, bem como ampliá-los para outros sistemas florestais, como a Mata Atlântica e o Pantanal. O conhecimento gerado servirá de subsídio básico para desvendar o funcionamento dos ecossistemas e para avaliar as conseqüências e alterações causadas pelas inevitáveis mudanças no uso da terra.

Ciclo hidrológico

Esta linha de pesquisa é desenvolvida pelo laboratório de Isótopos Estáveis, um dos mais completos do país, que ocupa uma área de quase mil metros quadrados. Leva o nome do físico Eitchii Matsui, um técnico da CNEN que, durante muitos anos, trabalhou em Piracicaba no seu desenvolvimento e ampliação. São poucos no mundo os laboratórios que, como este, possuem cinco espectrômetros de massas em funcionamento.

Laboratório de Isótopos Estáveis no CENA: um dos mais completos do país.

Para dar suporte aos trabalhos, conta também com equipamentos auxiliares, como linhas específicas de alto vácuo, utilizadas no preparo de amostras orgânicas e minerais, estufas de secagem, moinhos mecânicos, centrífugas, balanças, entre outros, o que possibilita a análise de aproximadamente 22 mil amostras por ano, não só para o CENA, mas também para outros órgãos de pesquisa. Atualmente, presta serviços a cerca de vinte instituições de vários pontos do país.

Na linha de pesquisa Ciclo Hidrológico procura-se conhecer em profundidade a dinâmica da água sob condições naturais. Os trabalhos iniciaram-se na Amazônia, na década de 70. O objetivo era desenvolver metodologias específicas de análise, contribuindo dessa forma para o melhor entendimento do ciclo hidrológico daquela região. A primeira preocupação foi estudar a água na atmosfera e avaliar a importância da floresta nesse ecossistema, determinando se ela existia por causa do clima ou se o clima era o responsável por sua existência.

Naquela época, conseguiu-se determinar que 50% das águas eram provenientes dos oceanos, enquanto que a outra metade vinha da evapotranspiração da floresta, demostrando-se assim, definitivamente, de forma científica, a magnitude da função da vegetação. Estas investigações pioneiras foram efetuadas pela análise do vapor d'água e das precipitações pluviais.

As previsões efetuadas nos anos 80 de que a eventual extinção da floresta poderia afetar gravemente o ecossistema amazônico desencadearam uma série de pesquisas correlatas. Provou-se, por exemplo, que o desmatamento poderia causar uma mudança drástica no regime das chuvas, com diminuição de até 20% na precipitação pluvial: elas ficariam também mais concentradas em determinados períodos do ano. Conseguiu-se demonstrar ainda que, sem a floresta, a temperatura na região aumentaria em pelo menos 2°C em média.

Depois da realização desse trabalho, a equipe do CENA passou a ser procurada por outras instituições para aprofundar o assunto e, em 1982, iniciou um trabalho conjunto com a Universidade de Washington e o INPA. Em doze anos de pesquisas foi possível desenvolver um modelo de estudo do funcionamento do canal principal do rio Amazonas. Esse estudo possibilitou utilizar o rio como um amostrador do que acontece numa bacia de drenagem. Determinou-se também a importância da várzea para sustentar esse sistema, assunto tratado em artigo publicado na conceituada revista *Science*, em 1986. Outro artigo, publicado na revista *Nature*, em 1990, mostrava também a importância da várzea no crescimento das gramíneas.

Esse mesmo grupo de pesquisadores, formado por quase 30 cientistas, conseguiu obter em 1990 o apoio da NASA, que destinou uma verba para o prosseguimento dos estudos até o ano 2000, através do projeto denominado Earth Observing System (EOS). Eles prevêem a extensão dos resultados obtidos para toda a bacia Amazônica, com a definição de modelos hidrológicos e bioquímicos.

Outro projeto da equipe do CENA, realizado em conjunto com o INPE (Instituto Nacional de Pesquisas Espaciais) e o Instituto de Hidrologia da Inglaterra, ficou conhecido como Abracos (Anglo Brazilian Climate Observational Studies over the Amazon). Através de estudos de monitoramento dos diversos ambientes encontrados na Amazônia, objetivou-se compreender mais a fundo o funcionamento do fluxo da água nas interfaces solo-planta-atmosfera, utilizando para tanto uma combinação de técnicas isotópicas e convencionais.

Esses trabalhos se desenvolveram principalmente em Ji-Paraná (RO), Paragominas (PA) e Manaus (AM), onde foram montadas torres de observação para coletas de dados. A partir daí, extraíram-se modelos a serem extrapolados para a área total da Amazônia bra-

Anavilhanas do rio Negro, um dos inúmeros cursos d'água da região amazônica estudado pelos pesquisadores do CENA.

sileira, calculada em 5 milhões de km^2. Durante quatro anos foram coletadas amostras na região, que agora estão sendo analisadas em laboratórios da Inglaterra e do Brasil. Os resultados desse trabalho estão no livro *Amazonian Deforestation and Climate*, um alentado volume com 610 páginas, editado em 1996 no exterior.

Diante dessa grande bagagem de conhecimentos adquiridos em todos esses anos de estudos na Amazônia, os pesquisadores do CENA, juntamente com outros cientistas de diversas entidades, estão agora tentando montar um grande projeto multidisciplinar e internacional para efetuar estudos avançados na região, denominado Large-Scale Biosfere Atmosferic Experiments in the Amazonia. Ele já tem um plano científico definido e recursos garantidos para os próximos quatro anos, orçados em cerca de 20 milhões de dólares. Atualmente, o projeto está sendo analisado pela Secretaria de Ciência e Tecnologia do Estado de São Paulo, que deve fornecer a infra-estrutura necessária aos trabalhos.

Os pesquisadores acreditam que hoje se entende o que acontece em partes da Amazônia. Mas, com o prosseguimento dos estudos, nos próximos dez anos será possível obter uma visão holística da região, verificando como o sistema funciona e o que acontece quando sofre mudanças, principalmente em decorrência de alterações do uso da terra.

Ecossistemas alterados

No programa Ecossistemas Alterados são analisadas as modificações dos ciclos biogeoquímicos e hidrológicos em bacias hidrográficas e a dinâmica de resíduos agroquímicos. Nessa primeira linha, os estudos concentram-se na Bacia Amazônica, principalmente nas mudanças ocorridas nos ciclos do carbono e do nitrogênio, devido à conversão de florestas tropicais em pastagens.

Alterações dos ciclos biogeoquímicos e hidrológicos em bacias hidrográficas

Os pesquisadores do laboratório de Isótopos Estáveis pretendem desenvolver um modelo de estudo para bacias hidrográficas, focalizando o conhecimento nos ciclos biogeoquímicos e hidrológicos e suas alterações, devido ao uso da terra na bacia. Esse modelo inclui uma parte funcional, que estuda o comportamento dos principais elementos no sistema aquático e terrestre, e uma segunda parte, chamada estrutural, na qual será montado um banco de dados geo-referenciado.

Também são efetuados estudos na bacia do rio Piracicaba, onde a demanda crescente pela água e a descarga de um volume cada vez aior de resíduos industriais e urbanos comprometem a sua qualidade (ver box na página 150).

Imagem do satélite Landsat-5 (Sensor TM) da região de Piracicaba (SP), em 1993, já processada, observando-se na parte inferior o centro urbano (roxo e azul) e com destaque para o rio Piracicaba (em preto).

Bacia do rio Piracicaba: importante ecossistema ameaçado pelo progresso

A área ocupada pela bacia do rio Piracicaba foi uma das mais prejudicadas pelo processo de urbanização acelerado ocorrido nos últimos anos em decorrência da expansão agrícola e industrial. Situada em uma das regiões mais ricas do país, estende-se por 12 400 quilômetros quadrados, abrigando uma população de aproximadamente 4 milhões de pessoas. Engloba 55 municípios, dos quais 51 estão no Estado de São Paulo e o restante em Minas Gerais.

O crescimento desordenado causou um impacto ambiental tão grande que ameaçou os recursos naturais existentes e obrigou a mobilização de diversos segmentos da sociedade em sua defesa.

Esse importante ecossistema foi também muito prejudicado pela implantação do polêmico Projeto Cantareira, criado entre os anos 70-80 para abastecer a região metropolitana de São Paulo, que reduziu consideravelmente o volume dos seus rios. A conseqüência mais grave foi que, com essa redução, o poder de depuração dos cursos d'água decresceu e os problemas de poluição agravaram-se muito.

Para contribuir no esforço de preservação ambiental, os pesquisadores do Centro de Energia Nuclear na Agricultura (CENA/USP/Piracicaba) criaram o Projeto PiraCena, cujos trabalhos se iniciaram em dezembro de 1994, cobrindo toda a extensão da bacia. O objetivo básico é caracterizar a estrutura e o funcionamento desse ecossistema fortemente modificado. O projeto se propõe estudar a bacia como um todo, desvendando sua estrutura, a interdependência entre seus componentes e a dinâmica que rege os processos vitais. Concebido com essa visão, o PiraCena, desde o início, recebeu total apoio, tanto dos órgãos financiadores, como da comunidade científica, da sociedade e entidades governamentais.

Trabalho integrado

Estão engajados nos estudos mais de vinte grupos de trabalho, com pesquisadores de diversos laboratórios do CENA, em parceria com técnicos de outros institutos. Esse projeto multidisciplinar, orçado em 1,5 milhão de dólares, é financiado por empresas particulares, como a ESSO Brasileira de Petróleo, e órgãos públicos (FAPESP) e desenvolve-se em diferentes níveis de atuação, que vão desde a educação ambiental até pesquisas sobre contaminação dos rios por poluentes, como, por exemplo, por metais pesados. Prevê ainda a realização de análises do seu ciclo hidrológico e estabelece a necessidade do monitoramento do acúmulo de sedimentos nos rios.

Todas as informações obtidas são organizadas em um banco de dados, colocado à disposição dos responsáveis pelo planejamento do uso dos recursos hídricos. Este manejo é feito em função do volume de água a ser retirado, da sua qualidade e do preço para o usuário. Daí decorre a importância de conhecer profundamente o funcionamento de uma bacia hidrográfica para racionalizar o seu aproveitamento.

Até agora, um dos importantes resultados obtidos com o Projeto PiraCena é ter conseguido estabelecer um canal de comunicação direto entre os cientistas, segmentos da sociedade e os órgãos de governo responsáveis pelo gerenciamento dos recursos hídricos. Dessa forma, pode-se preencher a grande lacuna que sempre existiu no país entre as decisões políticas e os avanços científicos e tecnológicos. Os representantes do CENA são membros permanentes dos grupos técnicos formados para estudar o assunto e têm colaborado sistematicamente, fornecendo valiosas informações e metodologias empregadas no gerenciamento da bacia do rio Piracicaba.

Dinâmica de resíduos e agroquímicos

O laboratório de Ecologia foi criado no início da década de 80 para atender ao "Projeto Aguapé", desenvolvido no rio Piracicaba. Em 1986, quando foram concluídos esses estudos, passou-se a trabalhar com o monitoramento de pesticidas no ambiente. O objetivo é conhecer a dinâmica dos agrotóxicos no solo, plantas, água, peixes e animais silvestres, bem como o seu destino no ambiente, visando fornecer subsídios ao uso racional de insumos agrícolas.

Esse laboratório é considerado um dos mais completos do Brasil para realização de análise de pesticidas, pois conta com equipamentos modernos, destacando-se o cromatógrafo, acoplado ao espectrômetro de massas. Recém-adquirido, ele será utilizado nos experimentos para avaliação do comportamento físico-químico de moléculas.

Além das pesquisas efetuadas, a equipe de Ecologia presta relevantes serviços à comunidade: muitos produtos agropecuários, antes de serem lançados no mercado, são analisados no CENA e, com base nos resultados, o IBAMA (Instituto Brasileiro de Meio Ambiente) autoriza ou não a sua comercialização. As principais pesquisas em andamento são:

Lago existente na microbacia do Córrego do Ceveiro ainda não poluída na região de Piracicaba: modelo para estudos de contaminação por pesticidas.

Estudos da dinâmica de herbicidas em lisímetros

Projetos de cooperação internacional com o Instituto de Radioagronomia do Kern Forschung Anlage-Jülich (Alemanha) foram implantados no CENA a partir de 1993 para estudar a dinâmica e o comportamento de herbicidas radiomarcados em condições de campo. Para tanto, foram utilizados lisímetros de 1m^3, preenchidos com monólitos de solo para pesquisar a lixiviação e absorção pelas plantas com posterior análise dos resíduos, no que se refere à sua degradação, adsorção-desorção e distribuição nas diferentes partículas que compõem o solo.

Nesse caso específico, o solo foi coletado no município de Rio das Pedras (SP), colocado no lisímetro e trazido para a estação existente nas dependências do CENA. No local, foi cultivado milho nas mesmas condições praticadas pelos agricultores, com os mesmos tratos culturais, aplicando-se o herbicida mais utilizado nas lavouras da região "marcado" com Carbono-14. Pela radioatividade medida, conseguiu-se quantificar a presença do produto na água, no solo e na planta.

O produto testado, denominado atrazina, já proibido em alguns países, demonstrou possuir um risco potencial de contaminação do lençol freático. Os técnicos do CENA esperam que agora, com a divulgação desses dados, o governo tome medidas visando a limitação do seu uso e até eventual proibição. O próximo passo é analisar os efeitos de um produto novo — um herbicida utilizado nas culturas de soja — que deverá ser lançado brevemente no Brasil.

Análise de resíduos de heptacloro em amostras de água e sedimentos do rio Piracicaba

Apesar de ter o uso proibido no Brasil, o heptacloro é ainda um inseticida muito usado na cultura canavieira para controle do cupim na época do plantio, pois os produtos similares existentes no mercado são mais caros. Sendo um organoclorado, ele é persistente, com meia-vida estimada em doze anos. Além disso, apresenta problemas de bioacumulação, ficando armazenado nos tecidos dos organismos.

Utilizando cromatógrafos a gás, que permitem a análise de resíduos das moléculas do heptacloro, tem-se estudado a bacia do rio Piracicaba com relação à contaminação por esse inseticida. Dessa forma, no início de 1996 foram coletadas amostras em diversos pontos de solo, água, sedimentos, peixes e de *bivalves* (concha com alta capacidade de concentrar poluentes).

Para estudos comparativos, os pesquisadores escolheram como modelo a microbacia do córrego Ceveiro, ainda não poluída. Localizada nas imediações do distrito de Artemis, em Piracicaba, ela tem 80% da seu entorno plantado em cana-de-açúcar. Ali está sendo realizada, desde 1994, a coleta de amostras de peixes, solo, sedimentos, água e duas espécies de *bivalves*. Também são efetuadas coletas de pêlos de gambá para posterior estudo em laboratório, pois esse animal, muito comum no Brasil, come de tudo (brotos, insetos, aves) e por isso está mais exposto à eventual contaminação por heptacloro.

Os pesquisadores do CENA pretendem formar um banco de dados com os resultados obtidos, que será colocado à disposição das autoridades de saúde pública e dos planejadores do uso de recursos hídricos para fornecer subsídios à sua atuação.

Estudos de lixiviação em colunas

Nessa pesquisa, colunas de vidro preenchidas com amostras de solo são utilizadas para avaliar o potencial de lixiviação de pesticidas radiomarcados. Após a aplicação do produto na sua parte superior, simula-se chuva e acompanha-se a infiltração da água, analisando-se os resíduos nas diferentes profundidades e na água lixiviada. Foram estudados cinco tipos de produtos em vários tipos de solos e muitos demonstraram ser muito poluentes.

Dentro dos trabalhos em andamento, o laboratório de Ecologia vem ainda efetuando estudos de metabólitos de fungicida, através de experimento com plantação de mangas em Piracicaba (SP) e maçãs em Valinhos (SP). O objetivo é quantificar e identificar os resíduos de fungicida que permanecem no fruto.

Para melhorar ainda mais o nível das suas pesquisas, está implantando um programa de qualidade denominado "Boas Práticas de Laboratório" (BPL). Para tanto, já solicitou o seu credenciamento junto ao Imetro (Instituto Nacional de Metrologia, Normatização e Qualidade Industrial).

Experimento do CENA na ESALQ, Piracicaba (SP): avaliando o comportamento de fungicidas na cultura de mangas.

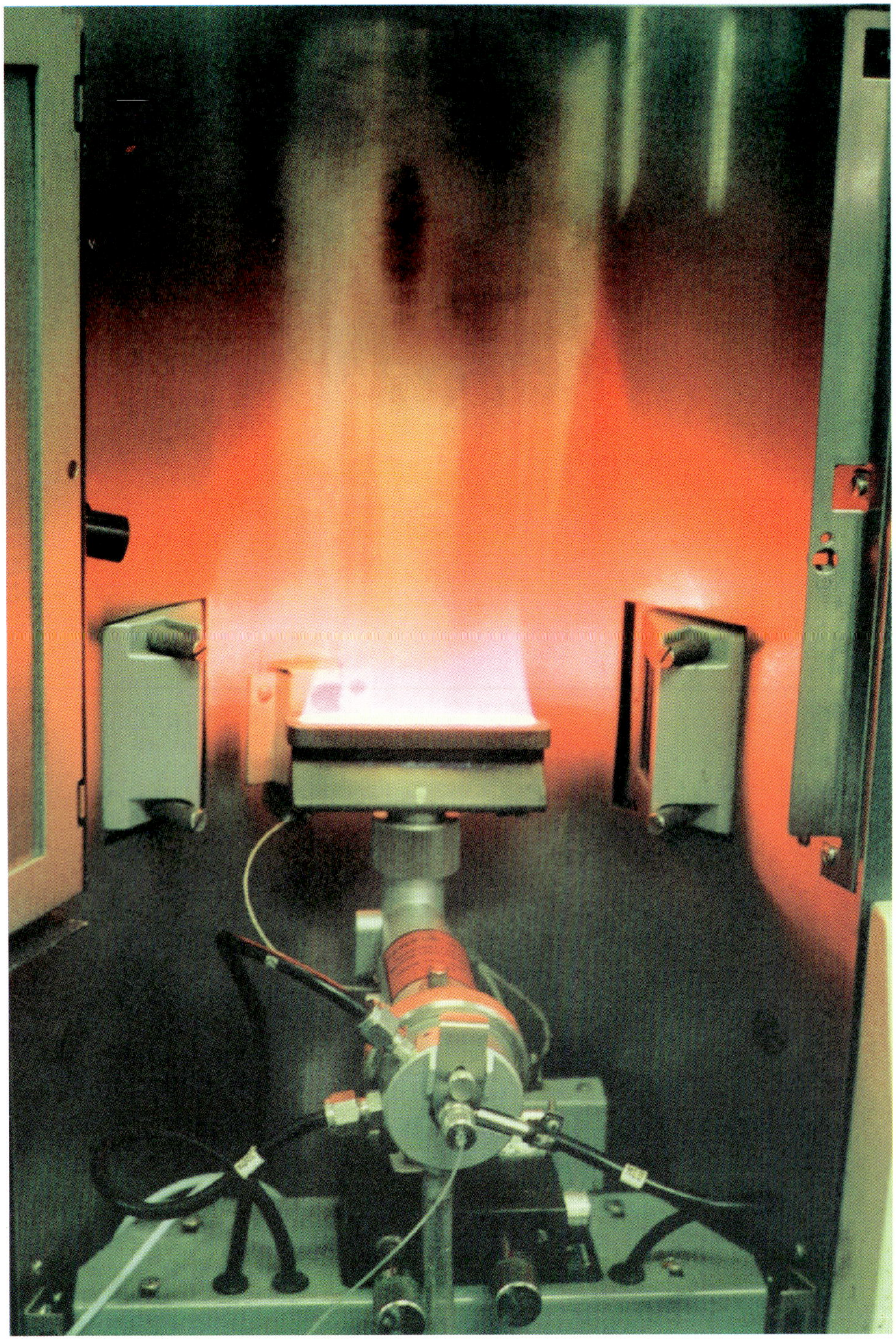

Atomizador com chamas do espectrômetro de absorção atômica no Laboratório de Química Analítica do CENA.

VIII
A Conquista de Novas Técnicas

Acompanhando os avanços recentes da eletrônica e da computação, pesquisadores do CENA desenvolvem novas metodologias científicas nas áreas da química analítica e das técnicas isotópicas. Elas possibilitam maior rapidez, eficiência e confiabilidade na obtenção de resultados, contribuindo significativamente para a redução dos custos.

Desenvolvimento de técnicas analíticas e nucleares

A crescente demanda por metodologias analíticas apropriadas aos estudos agronômicos e ambientais exige que a caracterização química e física dos materiais seja efetuada de forma automatizada e com sistemas de detecção de alta sensibilidade. Nos últimos vinte anos, os avanços da eletrônica e da computação permitiram um alto grau de automação e foram fundamentais para o aparecimento de novas gerações de equipamentos.

Esses métodos automatizados proporcionaram a obtenção de uma quantidade elevada de dados, levando a aplicações de procedimentos estatísticos ou quimiométricos para avaliar a qualidade dos resultados gerados e garantir maior abrangência da informação.

Nesse contexto, verifica-se ainda o surgimento de sistemas internacionais de controle de qualidade analítica e a produção e certificação de novos materiais de referência. Para acompanhar todas essas mudanças, as pesquisas analíticas no CENA objetivam produzir maior quantidade de resultados de alta confiabilidade, de forma rápida e com custos baixos. Para tanto, desenvolve programas específicos nas áreas de química analítica e de técnicas isotópicas e radiações.

Química analítica

Em 1968, o Professor Henrique Bergamin Filho, então docente do Departamento de Química da ESALQ/USP, instalou no primeiro prédio do CENA dois conjuntos de equipamentos a serem utilizados nas aulas de uma disciplina denominada Eletrônica Instrumental. O curso despertou o interesse de muitos alunos pela instrumentação, área até então inexplorada. Estava plantada a semente de mais uma seção do CENA, no início chamada de Radioquímica, mais tarde de Química Analítica.

O novo laboratório, que nos primeiros tempos se utilizou de uma área emprestada, entrou para o organograma do CENA em 1972, mas passou a funcionar efetivamente dois anos depois, quando recebeu dotações orçamentárias para compra de equipamentos através da AIEA. A partir daí, não parou mais de crescer, com a contratação de pessoal e ampliação de seus laboratórios. Inicialmente, sua função era dar suporte aos projetos de pesquisa desenvolvidos na instituição, mas, com o passar do tempo, tornou-se um importante pólo de desenvolvimento de métodos não-convencionais de análise química.

Finalmente, em 1993, ganhou prédio próprio, com 1 040 metros quadrados de área construída, com recursos do programa BID/USP. Calcula-se que, nos últimos vinte anos, os investimentos realizados no setor foram de aproximadamente 3,5 milhões de dólares, dos quais 2 milhões nos últimos oito anos. Tais recursos são provenientes de diversas instituições, especialmente da FINEP, da CNPq, da CNEN e da Fapesp.

Automação analítica por injeção em fluxo

Como decorrência do intercâmbio científico, facilitado pela AIEA, o CENA recebeu em 1974 a visita por um ano do checo Jaromir Ruzicka, que desenvolveu os primeiros experimentos realizados no Brasil sobre análises por injeção em fluxo (FIA). Com a participação dos pesquisadores da Química Analítica do CENA, começou-se a aprofundar no assunto, utilizando os materiais e equipamentos disponíveis, muitas vezes improvisados e adaptados com criatividade. Após um ano de pesquisas, foi publicado o primeiro trabalho a respeito.

O processo por injeção em fluxo consiste em bombear soluções com um equipamento denominado bomba peristáltica (que desenvolve o mesmo movimento periférico do intestino humano), incorporando, ao mesmo tempo, a amostra desejada na solução. Inicialmente, utilizavam-se seringas hipodérmicas que, com o passar do tempo, foram substituídas por injetores desenvolvidos exclusivamente para essa finalidade.

Em 1977, o grupo brasileiro propôs a primeira turbidimetria com o FIA para determinação de sulfato e o primeiro sistema para aumentar a sensibilidade e a qualidade do FIA. No ano seguinte, uma série de seis artigos foi publicada na literatura científica internacional versando sobre *merging zones,* procedimento que tornava os projetos para determinações simultâneas mais simples e econômicos, possibilitando a exploração de novas reações químicas. Seu emprego melhorava o desempenho de muitas técnicas analíticas tradicionais, passando de 40 a 50 determinações por dia para 40 a 400 determinações por hora.

O perito da Agência Internacional de Energia Atômica (AIEA), Jaromir Ruzicka, em julho de 1972 no CENA: trazendo tecnologia na área de Química Analítica.

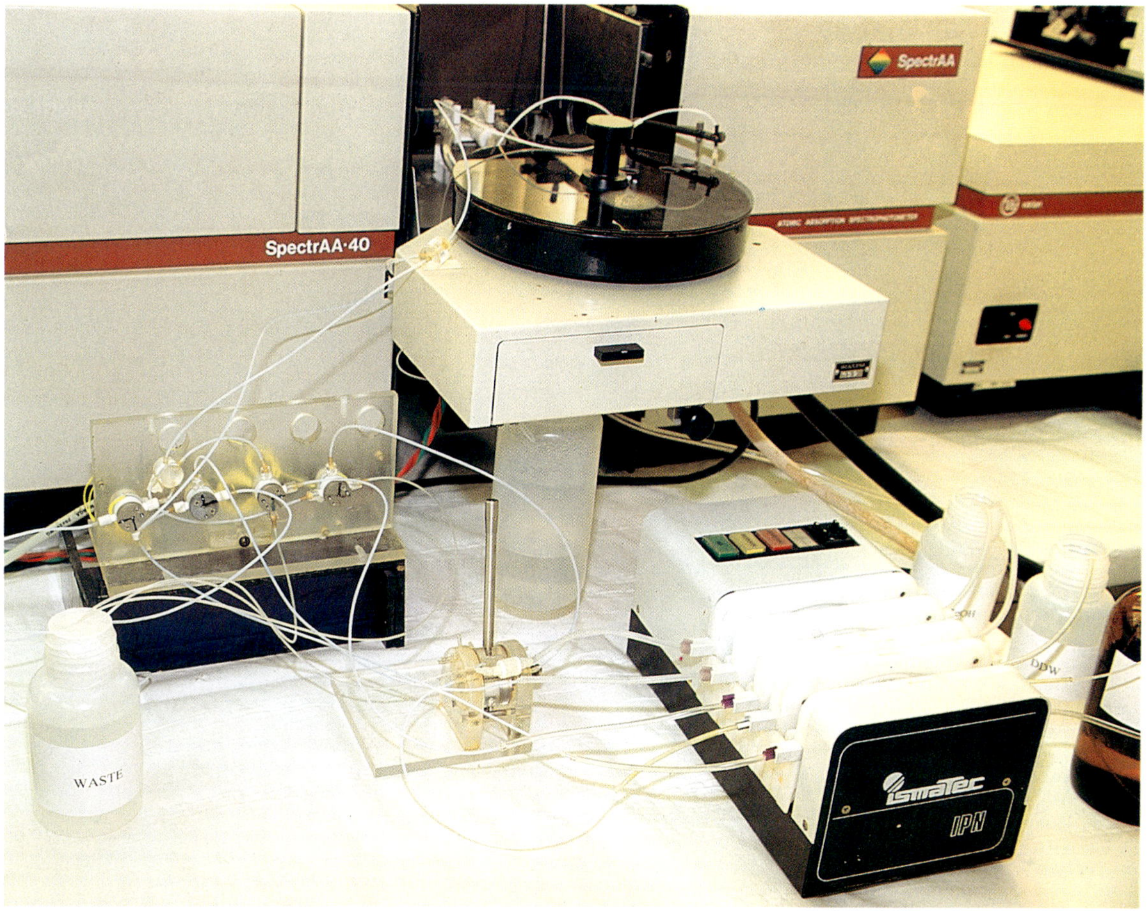

Sistema de Injeção em Fluxo (FIA) no CENA:
usado para separação de metais e espectrometria de absorção atômica.

A grande vantagem desse processo é ser semiautomático e implementado com os instrumentos normalmente utilizados na maioria dos laboratórios de análise química. Além da elevada taxa de amostragem, exige baixo consumo de amostras e reagentes, concorrendo para diminuição de mais de 90% dos custos analíticos. Tem ainda menor impacto ambiental, pois produz menos rejeitos de laboratório. Além disso, por ser um sistema fechado, diminui a possibilidade de contaminação da amostra e, conseqüentemente, dá maior confiabilidade aos resultados, mesmo em experimentos mais complexos exigidos nos estudos agronômicos e ambientais.

Devido a essas qualidades, a metodologia foi amplamente divulgada no mundo científico, sendo hoje utilizada em inúmeras instituições de pesquisa brasileiras e conhecida em mais de 40 países. É considerada uma excelente ferramenta para determinação de espécies químicas em plantas, solos, rochas, sedimentos e águas, além de outros materiais de interesse ambiental e industrial.

O desenvolvimento do sistema FIA colocou cinco pesquisadores do CENA no *ranking* dos mais produtivos do Brasil no que se refere a índice de impacto (ou seja, quantas vezes aparecem citados em outros trabalhos científicos). São eles: Henrique Bergamin Filho, Elias Ayres Guidetti Zagatto, Francisco José Krug, Boaventura Freire dos Reis e Antonio Octavio Jacintho. Em 1995, o grupo recebeu moção de aplausos da Câmara de Vereadores do município de Piracicaba e, no ano seguinte, dois deles (Bergamin e Zagatto) foram empossados como membros da Academia Brasileira de Ciências.

Atualmente, a equipe está trabalhando para conseguir a total automação do sistema, isto é, fazer com que seja totalmente controlado por computador para determinações multielementares. Já existem sistemas trabalhando sozinhos, mas são ainda protótipos. A tendência é efetuar o processamento em tempo real, isto é, obter um aparelho capaz de tomar decisões no ato.

Durante os últimos vinte anos, os sistemas de análises por injeção em fluxo trouxeram inúmeros benefícios para instituições e laboratórios em várias partes do mundo. No Brasil, as aplicações mais importantes foram na formação de novos núcleos de pesquisa em química analítica e na melhoria do desempenho de análises de águas, plantas e solos. Possibilitaram também a criação de programas de prestação de serviços em laboratórios de pesquisa e de treinamento de recursos humanos em nível de pós-graduação.

Os sistemas FIA desenvolvidos no CENA são usados até hoje para determinações de várias espécies químicas de importância, com a finalidade de avaliar a qualidade de águas. São utilizados também para determinação de nitrato e amônio em extratos de solos e de sulfato em digeridos de plantas. Finalmente, podem ser empregados na análise de sedimentos, rochas, ligas metálicas, sangue, entre outros.

As análises são efetuadas no CENA com baixo custo para empresas públicas e particulares, através de programas especiais de prestação de serviços. O laboratório de Química Analítica chegou a produzir 320 mil resultados em um ano com os sistemas FIA e outras técnicas analíticas. Colaborou com várias empresas, entre as quais: Petrobrás, Johann Faber, Copersucar, Kibon, Fleischmann Royal, Ripasa, Polisinter e Delco. Desenvolveu métodos específicos para determinação de fósforo em fertilizantes, de açúcares redutores em caldo de cana, de silício em águas de caldeiras industriais, de impurezas em ligas metálicas, de estanho e cálcio em placas de baterias de chumbo e de cromo em alimentos.

Em 1985, a Usiminas (Ipatinga-MG) solicitou o desenvolvimento de um método para determinação de alumínio solúvel em aços "acalmados". Partindo de amostras sólidas, propôs-se um procedimento inédito, denominado "eletrodissolução anódica em sistema FIA", que permitiu a realização de uma análise completa em apenas um minuto. Antes, pelo método convencional, ela demorava até oito minutos. A introdução do processo possibilitou a redução significativa no consumo de alumínio utilizado pela empresa, devido à melhoria da qualidade dos resultados. Esse processo foi patenteado pela Usiminas e três pesquisadores do CENA foram co-autores da invenção: Henrique Bergamin Filho, Elias A. G. Zagatto e Francisco J. Krug.

Aspecto da produção de aço na Usiminas (Ipatinga/MG): técnicos da empresa em conjunto com os pesquisadores do CENA desenvolveram método para determinação de alumínio solúvel em aços "acalmados".

Métodos espectroquímicos

Os métodos espectroquímicos destinam-se a verificar a baixa concentração de determinados compostos químicos em amostras de interesse econômico (tecidos de plantas, solos, fertilizantes, alimentos), ambiental (águas e sedimentos) e em tecidos animais (sangue, urina e fígado). Em 1975 foi instalado no CENA, com recursos provenientes da AIEA, um espectrômetro de absorção atômica. O equipamento destina-se a análises químicas quantitativas: efetua a separação dos átomos constituintes de uma amostra, transforma-os em estado gasoso, produzindo uma "nuvem de átomos", permitindo assim a sua identificação e mensuração.

Três anos depois, os pesquisadores do CENA publicavam trabalho de grande repercussão na época, versando sobre a automatização de procedimentos de métodos analíticos, empregando sistema por injeção em fluxo (FIA), acoplado a espectrômetro com chama. Através dele se efetua a diluição automática das amostras, obtendo-se uma economia da ordem de 98% com reagentes de alta pureza.

Mais uma vez ficou demonstrado o pioneirismo da equipe em 1980, ao efetuar o acoplamento do sistema FIA/espectrometria de emissão atômica com plasma (ICP-AES - Inductive Coupled Plasma-Atomic Emission Spectrometry). Os estudos prosseguiram e, em 1986, o grupo propôs o processo de eletrodissolução anódica para determinação de elementos solúveis em aços. Entre 1988 e 1991, os pesquisadores efetuaram os acoplamentos com espectrometria atômica para a análise *on line* dos elementos eletrodissolvidos de amostras sólidas em apenas um minuto.

Os cientistas do CENA estabeleceram, ainda, a partir de 1988, métodos empregando a espectrometria de absorção atômica com atomização eletrotérmica, usando filamentos de tungstênio. Através dele, é possível determinar, por exemplo, a presença de bário, cádmio, chumbo e níquel em águas, de cádmio em alimentos, de chumbo em sangue, ou de alumínio em fluido de diálise. Trata-se de um equipamento de fácil instalação, cujo investimento é até dez vezes menor do que o convencional e de baixo custo operacional.

A implementação desse método no CENA foi quase casual. O cientista alemão Harald Berndt, do Instituto de Espectroquímica e Espectroscopia Aplicada (Dortmund, Alemanha), veio falar no Primeiro Rio Symposium sobre o desenvolvimento de um forno de baixo custo, utilizando um filamento de tungstênio de lâmpadas de projetores de *slides* em 1988. Convidado a uma breve visita ao CENA, o cientista alemão acabou ficando uma semana e, nesse período, instalou no local seu pequeno forno de atomização eletrotérmica com o auxílio dos pesquisadores da instituição, dando início ao desenvolvimento do método no Brasil.

As pesquisas continuaram e, em 1996, a equipe propôs o acoplamento do sistema FIA ao forno com filamento de tungstênio para efetuar separações e pré-concentrações automatizadas. A repercussão de todo este trabalho tem sido excelente, gerando inclusive uma considerável produção científica.

Recentemente, técnicos norte-americanos solicitaram ao CENA informações sobre o desempenho do atomizador, objetivando a obtenção de análises de chumbo e sangue a baixo custo. Eles já desenvolveram um sistema próprio com base na experiência brasileira, atualmente em testes.

Nos últimos dois anos, o laboratório de Química Analítica começou a trabalhar na área de Espectrometria de Massas com Plasma (ICP-MS - Inductive Coupled Plasma-Mass Spectrometry). Essa técnica permite a realização de análises mais completas de amostras de interesse agronômico e ambiental, determinando-se quantidades muito pequenas dos elementos nela presentes.

Espectrômetro de absorção atômica com atomização eletrotérmica e filamento de tungstênio.

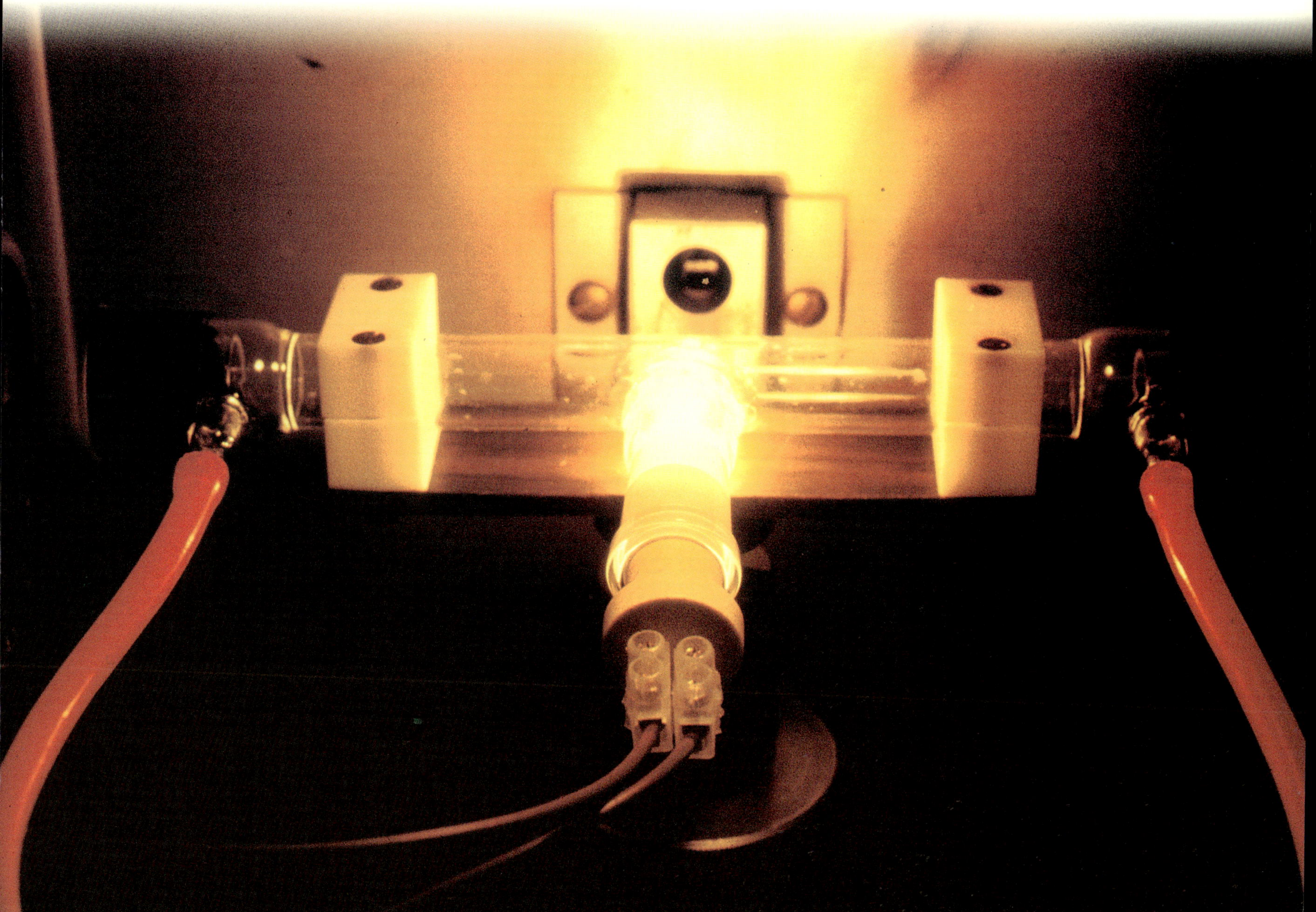

Para se ter uma idéia, a identificação de um elemento é realizada em nível de uma parte em um trilhão.

Técnicas isotópicas e radiações

Nesse programa foram agrupadas as pesquisas relacionadas com análises isotópicas. As metodologias para enriquecimento isotópico e produção de compostos marcados se concentram na linha de pesquisa Isótopos Estáveis e são empregadas em estudos biogeoquímicos, agropecuários e nas ciências biológicas em geral.

A pesquisa com Radioisótopos utiliza-se da aplicação da datação radiocarbônica, fluorescência de raios X, análise por ativação neutrônica, atenuação da radiação gama e radioatividade natural.

Radiações ionizantes

Logo após a efetiva instalação no CENA no seu primeiro prédio, em 1968, foi criada a seção de Instrumentação e Controle pelo professor Epaminondas Sansígolo de Barros Ferraz, com o objetivo de desenvolver técnicas e métodos nucleares aplicados na agricultura e em outros ramos da ciência e tecnologia. Em 1985, seu nome foi alterado para Radioisótopos, aproveitando-se uma oportunidade de expansão concedida pela Universidade de São Paulo.

O laboratório trabalhou com objetivos semelhantes ao da sua criação até 1989, quando se dividiu em três unidades: o de Radioisótopos, o de Metodologia de Radioisótopos e o de Radionuclídeos Naturais, todos incluídos na linha de pesquisa de Radiações Ionizantes.

Radioisótopos

O primeiro trabalho do laboratório de Radioisótopos, no final dos anos 60, foi o desenvolvimento de um método de medida de umidade em solos, utilizando para isso uma moderna sonda de nêutrons, adquirida com recursos provenientes da AIEA. As primeiras pesquisas sobre o assunto foram desenvolvidas pelos professores do Departamento de Física e Meteorologia da ESALQ, que utilizavam equipamentos rudimentares, de difícil manuseio e que ofereciam pouca segurança. Graças ao novo método, foi possível obter medidas de umidade de solos e evapotranspiração real. Tais estudos possibilitaram mais tarde a implantação de um novo laboratório no CENA: o de Física de Solos.

Efetuou-se também um levantamento de curvas de calibração para solos e desenvolveu-se uma técnica para viabilizar seu emprego na agricultura. O passo seguinte foi implementar o método de determinação de densidade e umidade de solos simultaneamente, usando duas fontes de radiação gama de energias diferentes.

Em um trabalho pioneiro no Brasil, o professor Ferraz implantou a metodologia de atenuação gama, desenvolvida no CENA. Seu aperfeiçoamento possibilitou diversas aplicações, mas foi como ferramenta para o estudo da qualidade da madeira em ciências florestais que mais se adaptou. Ela permite a identificação de anéis de crescimento de árvores, o estudo de propriedades físicas da madeira e do carvão vegetal, da produtividade, da biomassa e de ecologia florestal.

Por sua atuação nesse campo, dois pesquisadores do CENA (o professor Epaminondas S. B. Ferraz e seu orientado Clóvis A. Sansígolo) receberam em 1982 um prêmio da Organização Meteorológica Mundial, órgão das Nações Unidas, como o melhor trabalho do ano sobre a determinação da evapotranspiração de uma floresta, usando o trítio como "traçador".

Através do desenvolvimento de métodos de ativação neutrônica, foi possível efetuar inúmeros trabalhos nas mais variadas áreas de conhecimento. Nessa técnica, amostras variadas de solos, sedimentos, plantas, tecidos humanos, águas e minérios são colocadas em cápsulas especiais para serem irradiadas no reator de pesquisa existente em São Paulo (IPEN/CNEN/USP), onde são submetidas a fluxos de nêutrons. Parte dos constituintes químicos dessa amostra tornam-se, então, radioativos, permitindo a sua determinação. A vantagem desse método é dispensar o tratamento químico prévio das amostras, permitindo a determinação simultânea de diversos elementos químicos.

Atualmente, o laboratório desenvolve estudos em: sedimentologia, em cursos d'água e lagos; ecossistemas florestais, para indústria da madeira; processamento industrial, para agroindústrias de açúcar e álcool, papel e celulose; radioecologia, em alimentos, produtos agrícolas, na mineração de urânio em Poços de Caldas (MG), em solos de São Paulo e Amazônia; e impacto ambiental, usando bio e geo-indicadores e elementos *"traços"*. Nestas áreas, os principais estudos efetuados são:

Sedimentologia

Pela análise por ativação neutrônica, foi possível efetuar vários estudos na Bacia Amazônica na década de 90, caracterizando-se quimicamente os sedimentos da várzea e em suspensão. Acompanhando a evolução desses elementos químicos no tempo e no espaço, os técnicos analisaram os sedimentos, sua origem e a influência antropogênica. Além disso, através da determinação do Césio-137, definiu-se a taxa de sedimentação em rios e lagos. O modelo foi usado não só em rios e lagos da Amazônia, mas também em estudos da plataforma continental norte-brasileira, em reservatórios de hidrelétricas e no rio Piracicaba, no Estado de São Paulo.

Ecossistemas florestais

Utilizando a técnica de atenuação da radiação gama, vem se aperfeiçoando constantemente o estudo dos anéis de crescimento de árvores. Conseguiu-se modernizar o sistema através da sua automação, possibilitando que o equipamento trabalhe na sua capacidade máxima.

Com a utilização desta metodologia, é possível medir a biomassa vegetal em reservas florestais de caráter econômico e efetuar cálculos precisos do volume de madeira. Ela permite também estudos históricos climáticos em períodos anteriores à existência dos instrumentos de controle. Estudando-se a densidade e composição desses anéis, efetuam-se ainda análises ambientais, principalmente em locais que sofreram alterações causadas por processos de adubação, focos de poluição e emissão de gases tóxicos. Trabalha-se sempre em constante intercâmbio com a iniciativa privada, fornecendo os resultados das amostras analisadas e colaborando dessa forma para a melhoria da produtividade e a conservação ambiental.

Amostras de seções de caules de árvores usadas na análise dos anéis de crescimento.

Processamento industrial

Há cerca de dez anos o laboratório vem concentrando estudos na agroindústria sucroalcooleira, analisando todo o processo de produção, desde a lavoura até a fabricação do produto final. O objetivo é determinar o teor de impurezas minerais existentes nos carregamentos de cana-de-açúcar e sua influência no processo industrial, inclusive para verificar os efeitos da mecanização da colheita.

Segundo os pesquisadores, apesar da lavagem prévia, a cana, ao entrar nas moendas, arrasta muitas impurezas, que podem prejudicar o maquinário, aumentando significativamente os custos de manutenção. Estima-se um gasto de dois gramas de eletrodos de solda por tonelada de cana para reparar os equipamentos desgastados durante o processamento. Apesar de grande parte dos resíduos e contaminantes ser retirada do produto final através do bagaço e torta de filtro, técnicas analíticas nucleares têm sido utilizadas para identificar o material remanescente.

Radioecologia

Esse laboratório apresenta, no decorrer de sua existência, uma série de trabalhos de prestação de serviços à comunidade na área de saúde, medicina e criminalística. Na década de 80, quando ocorreu o acidente com o Césio-137 em Goiânia (GO), havia um representante do CENA na comissão nomeada para estudar as medidas de descontaminação do ambiente. Atuando em conjunto com a Faculdade de Odontologia de Piracicaba, foram também analisados os dentes das vítimas daquele acidente, para avaliar suas conseqüências.

Em outra ocasião, os pesquisadores do CENA, a pedido do governo, emitiram parecer sobre a carne proveniente da Europa, supostamente contaminada pelo acidente na usina nuclear de Chernobyl, na Ucrânia, na década de 80. Examinaram também diversas partidas de leite em pó importadas, que apresentaram um alto teor de contaminação por césio e por isso foram consideradas impróprias ao consumo.

Impacto ambiental

Atualmente estão em andamento vários trabalhos de monitoração da mineração de urânio, localizada no Complexo Industrial do Planalto de Poços de Caldas (CIPC), em Minas Gerais, de propriedade da INB Indústrias Nucleares do Brasil S/A. São realizadas análises sistemáticas de amostras de sedimentos de rios, solos, espécies vegetais e rejeitos de rochas do local, visando o controle ambiental.

Metodologia de radiosótopos

A atuação desse laboratório iniciou-se em 1989 com a implantação de um método analítico nuclear: a fluorescência de raios X com dispersão de energia. Essa técnica utiliza fontes radioativas na "excitação" das amostras e é aplicada para determinação da composição química de elementos em amostras de interesse agropecuário, ambiental e agroindustrial. Suas vantagens residem no fato de não ser destrutiva, de apresentar custo baixo e de permitir a análise de vários elementos simultaneamente. Ao contrário de outras, não necessita da "digestão" química das amostras, isto é, a sua transformação em forma líquida.

Com a aquisição recente de um tubo de raios X para efetuar esse processo de "excitação" e um módulo de reflexão total, será possível efetuar no CENA a fluorescência de raios X em amostras líquidas de baixo volume, da ordem de 50 microlitros (equivalente a uma gota), além de aumentar a sensibilidade e a velocidade analítica para amostras sólidas.

Pesquisadores do Laboratório de Radioisótopos analisam em profundidade todas as etapas da produção de cana-de-açúcar, desde o plantio até a industrialização. Na foto, aspecto da colheita de cana na região de Piracicaba (SP).

Com essa técnica são analisados solos, sedimentos, suplementos minerais, tecidos de plantas e animais, águas naturais e de descarte, resíduos agropecuários e agroindustriais. A preocupação é desenvolver a tecnologia e repassá-la para outros pesquisadores do CENA e de outras instituições públicas e privadas.

Atualmente, dentre os inúmeros trabalhos realizados e publicados em revistas científicas do Brasil e exterior, o laboratório efetua estudos da movimentação de um resíduo agroindustrial — a vinhaça — determinando a concentração de certos elementos químicos presentes no perfil do solo e verificando se eles atingem as águas subterrâneas. Em conjunto com o laboratório de Ecologia, estuda também a translocação de pesticidas no terreno, utilizando lâminas delgadas de solo.

Outro trabalho emprega a fluorescência para avaliar o teor de solo existente na cana industrializada, utilizando os elementos titânio e ferro, que ele contém e são ausentes na cana. Segundo os pesquisadores, esta gramínea pode vir contaminada com partículas de terra na colheita, e, mesmo lavada, pode causar danos às máquinas quando entra na usina para processamento.

Os pesquisadores desenvolvem ainda com essa técnica o monitoramento de águas superficiais de rios, lagos, riachos, de efluentes industriais e de aterros sanitários na região de Piracicaba e Campinas (SP). Participam também do Projeto PiraCena, fornecendo dados de análises de amostras de sedimentos para que se efetuem as devidas interpretações.

Radionuclídeos naturais (Carbono-14)

O laboratório iniciou suas atividades em 1989/1990 com o apoio da AIEA, da Fapesp e do CNPq. Seu trabalho consiste em determinar a idade de materiais fósseis de interesse arqueológico, agronômico e geológico, tais como amostras de conchas, carvão, madeira, ossos, através da datação por Carbono-14. Desenvolve estudos paleoambientais (paleoclima e paleovegetação) em vários ecossistemas naturais no Brasil. Para tanto, dispõe de modernos equipamentos, tais como a linha de síntese de benzeno e os espectrômetros de cintilação líquida, importados dos Estados Unidos e únicos no Brasil.

No primeiro ano de funcionamento, foram testadas as condições analíticas do laboratório no que se refere à exatidão e precisão dos resultados para se ter confiabilidade nos dados obtidos. Foram trazidas amostras do exterior, de cuja a idade não se tinha conhecimento da idade, e foram efetuadas as datações. Os resultados obtidos coincidiram com aqueles obtidos nos laboratórios dos Estados Unidos, Canadá e França.

Posteriormente, em 1992, o laboratório representou o Brasil em um programa internacional de qualidade analítica, promovido pela AIEA, ao lado de 69 dos 139 similares existentes no mundo. O teste consistia em efetuar a datação de seis amostras. Todos as determinações do CENA coincidiram com as dos outros participantes. Para não haver nenhum erro, cada resultado foi checado quatro vezes.

Como desdobramento desse trabalho, os técnicos do CENA foram convidados pela AIEA a cooperar no treinamento de pessoal e na instalação de laboratórios similares em vários países da América Latina, tais como Uruguai, Colômbia, Equador e Nicarágua, visitando-os como peritos. Além disso, receberam os pesquisadores estrangeiros no Brasil.

O laboratório de Carbono-14 do CENA, com capacidade para efetuar 100 a 120 determinações por ano, parece ser até agora o único no Brasil a efetuar esse trabalho de datação com ^{14}C como rotina, trabalhando com um variado leque de atuação. Ao que consta, existe outro em Fortaleza (CE), na Faculdade Federal do Ceará, que, no momento, só analisa amostras inorgânicas, como, por exemplo, carbonatos de águas subterrâneas.

Desde a sua criação, o laboratório se ocupa com estudos da vegetação e de climas passados, ou seja, dos últimos 10 mil anos, no período geológico conhecido como Holoceno. Para tanto, utiliza isótopos estáveis do carbono (^{12}C e ^{13}C) da matéria orgânica do solo, que fornece informações relativas à ocorrência de espécies das plantas e/ou gramíneas em comunidade de plantas do passado. O isótopo ^{14}C presente na matéria orgânica do solo permite estabelecer a cronologia dos eventos.

Os técnicos estudam a reconstrução de trocas de vegetação no passado e sua relação com o clima em diversos ecossistemas naturais, tropicais e subtropicais. Tais informações são fundamentais para a compreensão das respostas desses ecossistemas às futuras trocas climáticas. Além disso, pesquisa-se a dinâmica de expansão-regressão das florestas e campos em suas áreas de contato, que ocorrem em distintos pontos no Brasil.

Através dessa metodologia, pode-se datar amostras de até 45 mil anos de idade. A idéia é tentar caracterizar o que aconteceu no passado, para entender melhor o presente e ter alguma chance de prever o futuro. Segundo os pesquisadores, para interpretar em profundidade os dados obtidos, é necessária a participação de uma equipe multidisciplinar, composta de físicos, químicos, pedólogos, botânicos e até meteorologistas, entre outros.

Por causa das variadas aplicações dessa técnica, os pesquisadores do CENA são freqüentemente solicitados a colaborar nos mais diferentes trabalhos, alguns interessantes e pitorescos. Em 1992, chegou ao laboratório de Piracicaba uma múmia verdadeira, para que fosse avaliada a sua idade, procedente do Instituto Médico Legal, de São Paulo. Ela foi apreendida pela polícia numa pensão do bairro da Lapa, quando a proprietária desconfiou da bagagem de um chileno ali hospedado. Ao que parece, essa pessoa queria explorá-la comercialmente, colocando-a em exposição pública.

Utilizando o colágeno existente nas articulações dos ombros da múmia e pedaços de suas vestes, os técnicos do CENA efetuaram a datação da sua idade, estimada em cerca de 1 180 anos. Em conjunto com outras análises, descobriu-se que se tratava de uma índia, com cerca de 65 anos, provavelmente originária do Chile. Ela teve morte natural e, como foi enterrada de cócoras no solo arenoso do deserto, onde predominam altas temperaturas, o processo de mumificação ocorreu naturalmente.

Mais recentemente, o laboratório foi solicitado a efetuar a datação de um pedaço de madeira encontrado por um mergulhador nas proximidades do porto de Santos (SP), que se acreditava ser um vestígio do galeão espanhol Santa Maria de Begonha, afundado em 1584, perto da Fortaleza da Barra. O governo espanhol já informou que, se for mesmo provada a autenticidade do navio, poderá financiar os trabalhos de pesquisa.

Pela datação efetuada no CENA, descobriu-se que a amostra trazida para análise tem uma idade compatível com a do galeão, ou seja, variando entre 450 a 500 anos. Por sua vez, os pesquisadores do Departamento de Ciências Florestais da ESALQ/USP, também de Piracicaba, classificaram a madeira como um tipo de *pinus* de origem européia. São dois indícios de que ela pode ser mesmo um pedaço do famoso galeão. Outros trabalhos de arqueologia marinha, no entanto, precisam ser ainda efetuados para garantir a sua autenticidade.

Enriquecimento em isótopos estáveis e síntese de compostos marcados

Criado em 1971, o laboratório de Enriquecimento em Isótopos Estáveis e Síntese de Compostos Marcados é pioneiro na América do Sul na produção de compostos enriquecidos nos isótopos estáveis de nitrogênio (^{15}N), enxofre (^{34}S) e boro (^{10}B), a custos competitivos em relação aos outros países. O objetivo é atender às necessidades daqueles que se utilizam dessa ferramenta para efetuar pesquisas agropecuárias, biogeoquímicas e biológicas.

O desenvolvimento dessa tecnologia de enriquecimento no Brasil foi muito difícil, uma vez que não havia interesse dos países detentores em repassá-la por motivos estratégicos e econômicos. A produção de sulfato de amônio enriquecido em ^{15}N, em caráter experimental, iniciou-se em 1971, em decorrência do alto custo e das dificuldades de importação, que entravavam o andamento dos diversos estudos efetuados no CENA. Desde 1980, trabalha-se com a capacidade de produção semanal de 33 gramas de sulfato de amônio enriquecido de 8 a 10 átomos % em ^{15}N.

Até hoje, esse laboratório é o único fornecedor no país desses compostos, mas sua produção é suficiente para atender apenas à demanda do CENA e de algumas instituições de pesquisa. O material obtido é utilizado como "traçador" em diversos tipos de estudos de grande relevância científica. Este enriquecimento do nitrogênio (^{15}N) foi considerado prioridade, devido à grande importância desse nutriente para a vida das plantas e animais.

O trabalho realiza-se a partir do sulfato de amônio comercial, enriquecido com a utilização de uma metodologia de troca iônica. A partir do sulfato de amônio ^{15}N e empregando-se processos químicos e físicos, pode-se produzir oito diferentes compostos nitrogenados e marcados em ^{15}N.

O material obtido no CENA tem um custo de produção menor ao preço médio comercializado no exterior, podendo ser até 40% inferior. Consegue-se essa redução devido a vários fatores, principalmente porque é efetuada a otimização do consumo de reagentes, a recuperação de efluentes e sua reutilização no processo. Além disso, a metodologia de troca iônica se utiliza da energia gravitacional e o custo da mão-de-obra é relativamente mais baixo se comparado ao de outros países.

Recentemente, o laboratório obteve recursos de agências de fomento à pesquisa (Fapesp e FINEP) para ampliar a produção mensal para 500 g de sulfato de amônio enriquecido em média de 8 a 10 átomos por cento. Com a perspectiva desse aumento, o CENA poderá atender à demanda de instituições nacionais e internacionais, como, por exemplo, a da AIEA.

Eis um exemplo do uso do ^{15}N enriquecido no estudo da melhor alternativa de manejo da adubação nitrogenada em áreas de colheita de cana crua: há dois anos, os pesquisadores iniciaram um trabalho com a uréia marcada com esse isótopo para determinar o aproveitamento dos fertilizantes pela planta, procurando comparar, em condições simuladas em laboratório, as situações de queima e não-queima da cana.

No caso do enxofre, o CENA também realizou um trabalho pioneiro. Em 1991 foi realizado o primeiro estudo no Brasil, utilizando a técnica de cromatografia de troca aniônica e conseguiu-se obter o sulfato de sódio enriquecido a 20 átomos por cento em ^{34}S. Ele é utilizado como "traçador" de enxofre, permitindo estudos no sistema solo/planta por longos períodos de tempo. Como o material em estudo não é exposto à radiação, são desnecessárias medidas de precaução contra ela.

Linha de preparo de amostras de enxofre para análise de ^{34}S no Laboratório de Isótopos Estáveis.

Atualmente, o sulfato de sódio enriquecido em ^{34}S é empregado em experimentos com *crotalaria* ("adubo verde") e arroz em casa de vegetação. Um dos objetivos do trabalho é testar a eficiência da utilização do fertilizante "traçador" pelas culturas e a obtenção de material orgânico marcado.

O desenvolvimento dessa metodologia abriu uma perspectiva muito importante e, no momento, os pesquisadores estão pensando na sua expansão, montando no CENA uma unidade semi-industrial para a produção de vários compostos enriquecidos em ^{34}S.

Além do trabalho realizado com o nitrogênio e o enxofre, o laboratório efetuou também o enriquecimento de boro (^{10}B), isótopo muito importante em estudos agronômicos como elemento "traçador". Essa produção é de interesse estratégico, existindo inclusive restrições para sua importação e comercialização. A pesquisa foi realizada entre 1985 e 1989, com recursos provenientes da CNEN. Os resultados obtidos serviram de suporte científico para a implantação de uma linha de produção semi-industrial, instalada atualmente no Instituto de Energia Nuclear (IEN), no Rio de Janeiro. Atualmente, são produzidos cerca de 300 g/ano de boro ($H_3{}^{10}BO_3$), enriquecido a 60 átomos por cento em ^{10}B.

O laboratório efetua também a marcação de compostos orgânicos. Um desses compostos é a vinhaça, resíduo da indústria sucro-alcooleira muito rico em potássio, enxofre e nitrogênio. Para estudar os aspectos do seu aproveitamento na lavoura, os pesquisadores vêm, desde 1991, desenvolvendo uma metodologia de marcação bioquímica do nitrogênio orgânico existente na vinhaça e, a partir dela, realizaram uma série de estudos para avaliar a importância dessa fonte para a nutrição da cana-de-açúcar.

Em decorrência do trabalho de produção de isótopos estáveis, os pesquisadores do CENA se preocupam com o problema de conservação ambiental. Desta forma, têm realizando estudos visando o manuseio adequado, a armazenagem do material utilizado no processo e, eventualmente, a reutilização do efluente na linha de produção, principalmente quando eles são considerados tóxicos. Experimentos preliminares com a nova linha de produção de ^{15}N mostraram que é possível reaproveitar todos os efluentes químicos do laboratório, efetuando-se algumas adaptações no processo. Para tanto, serão efetuadas ampliações e uma melhor distribuição do pessoal e equipamentos, visando colocar em prática esses procedimentos na produção de rotina.

Esse trabalho vem despertando muito interesse entre os pesquisadores do CENA e, no final do ano passado, foi criada na instituição uma Comissão Permanente de Estudo dos Destinos dos Resíduos dos Laboratórios. Alunos dos cursos de iniciação científica e de pós-graduação deverão fazer o mapeamento da origem de todos os resíduos gerados no local, para tomar as medidas necessárias. Entre elas, destaca-se a construção de dois depósitos, um para resíduos químicos, outro para radioativos, devidamente monitorados e identificados.

Solenidade de abertura do Primeiro Curso Americano de Radioisótopos na Agricultura em 1963, na ESALQ, em Piracicaba (SP), vendo-se da esquerda para a direita: Edgard Moreno (AIEA), Edgar Barroso do Amaral (CNEN), Eurípedes Malavolta (ESALQ), Admar Cervellini (ESALQ), não identificado, Rómulo Pieroni (IPEN) e Marcello Damy de Souza Santos (CNEN).

IX
Compromisso com o Ensino

Para desenvolver estudos avançados, o CENA vem formando gerações de pesquisadores altamente capacitados, através dos seus cursos de pós-graduação e aperfeiçoamento. Estes técnicos ocupam hoje posições de destaque nas principais instituições científicas no país e no exterior.

A formação de técnicos especializados sempre foi uma constante preocupação no CENA. Desde que as técnicas nucleares começaram a ser aplicadas no Brasil nas pesquisas de agricultura, nos anos 60, perceberam-se duas grandes dificuldades: a falta de equipamentos e de pessoal capacitado para aquelas tarefas. A primeira dificuldade foi sanada naquela época pela injeção de recursos advindos dos órgãos públicos nacionais e internacionais. A segunda, através da realização de cursos de especialização. Dessa forma, as primeiras atividades do CENA, ainda com a denominação do CNENA, em meados dos anos 60, foram voltadas para o treinamento de pessoal.

Em 1963, realizou-se o curso latino-americano de Radioisótopos na Agricultura, com 20 participantes, com o patrocínio da CNEN e OEA (Organização dos Estados Americanos), que muito contribuiu para projetar o nome da recém-criada instituição além das fronteiras do país. O sucesso alcançado determinou a realização do segundo encontro, no ano seguinte. Desta vez sob o patrocínio na CNEN e AIEA, realizou-se o curso regional de aplicação de isótopos radioativos na agricultura, também com 20 alunos, sendo 6 brasileiros e 14 latino-americanos.

Foi entre os alunos da Agronomia da ESALQ que o CENA foi buscar seus primeiros pesquisadores. Desde 1954, a disciplina Física Atômica e Nuclear constava do currículo do primeiro ano. Além disso, nos anos seguintes, vários cursos foram ministrados pelos docentes das cadeiras de Física e Meteorologia e de Química sobre aplicações da energia nuclear na agricultura. Em 1964, quando a ESALQ iniciou a pós-graduação, foi oferecida pela primeira vez a disciplina de Metodologia de Radioisótopos.

Paralelamente, pensou-se então em organizar um programa sistemático de formação de pessoal. Para tanto, criou-se o CIENA — Curso de Introdução à Energia Nuclear na Agricultura — cujas aulas aconteciam no período noturno durante o ano letivo e em regime de

Alunos de um dos primeiros cursos do CNENA, realizado na década de 60 no Laboratório de Química da ESALQ.

tempo integral durante as férias escolares. O curso, com duração de dois anos, visava a formação de técnicos em aplicação de técnicas nucleares na pesquisa e no melhoramento de produtos agrícolas e era voltado aos alunos do segundo ano de agronomia.

Após receberem as informações básicas, os estudantes estavam capacitados a desenvolver trabalhos por mais dois anos em seus campos de interesse, orientados pelos pesquisadores do CENA, através de um estágio, que coincidia com o término do curso de Agronomia. Com dois diplomas, eles poderiam seguir carreira na pós-graduação, que lhes daria condições de viajar para o exterior, em programas de especialização.

No primeiro ano, concluíram o curso apenas quatro estudantes, mas o interesse era sempre crescente: a energia nuclear utilizada para fins pacíficos era ainda um campo novo e fascinante no Brasil, que despertava a curiosidade dos jovens com a promessa da abertura de novos mercados de trabalho.

Assim, no mesmo dia em que os Estados Unidos explodiam uma bomba de hidrogênio 250 vezes superior à que destruiu a cidade japonesa de Hiroshima, no início de novembro de 1971, a milhares de quilômetros de distância, em Piracicaba, interior de São Paulo, formava-se a segunda turma do curso de Introdução à Energia Nuclear na Agricultura. Naquela ocasião, receberam diploma das mãos do então presidente da CNEN — Hervásio Guimarães de Carvalho — dezenove estudantes.

Com a assinatura do convênio entre a Universidade de São Paulo e a CNEN, em 1968, que possibilitou definitivamente a instalação do CENA, foi possível realizar também inúmeros cursos com duração média de trinta dias, ministrados por especialistas internacionais especialmente convidados, que se encarregavam da parte aplicada, enquanto os docentes brasileiros lecionavam as introduções básicas ao assunto. Logo se estabeleceu no CENA uma via de mão dupla que previa a recepção

O presidente da Comissão Nacional de Energia Nuclear, Hervásio Guimarães de Carvalho, entrega o diploma do Curso de Introdução à Energia Nuclear na Agricultura a Ermor Zambello Junior, observado pelo então diretor do CENA, Admar Cervellini.

sistemática dos peritos internacionais e o envio de brasileiros para especialização no exterior.

O Curso de Introdução à Energia Nuclear na Agricultura, em nível de Iniciação Científica, é ministrado até hoje. É bianual e tem carga horária total de 800 horas (incluindo o estágio em laboratórios). Calcula-se que 220 alunos cursaram o CIENA. Desde 1995, a instituição foi habilitada também a oferecer disciplinas de graduação junto a outras unidades de ensino da Universidade de São Paulo.

Surge a pós-graduação

Com aula inaugural proferida pelo professor Wilson Moreira Bandeira de Melo, diretor do departamento de Ensino e Intercâmbio Científico da CNEN, iniciou-se em março de 1972 o curso de pós-graduação do CENA. O tema era: "Aspectos da Ciência e da Tecnologia Nuclear no Brasil e no Mundo". As dez vagas iniciais tiveram de ser ampliadas para 14, devido à grande procura. Afinal, a instituição era a única no Brasil e uma das poucas em todo o mundo a oferecer um curso dessa natureza.

Enquanto as aulas eram ministradas, cuidava-se do seu reconhecimento oficial, que veio no início de 1972, pela CNEN e, em setembro do ano seguinte, pelo Conselho Federal de Educação do Ministério da Educação e Cultura. Finalmente, ainda em novembro de 1973, foi a vez do CNPq, que o classificou como um "Centro de Excelência para Treinamento em Energia Nuclear na Agricultura". Na tarefa de organizar o curso de pós-graduação, o CENA contou principalmente com a participação do professor Epaminondas S. B. Ferraz.

Em julho de 1973, onze alunos já haviam completado os créditos das disciplinas exigidas no currículo da pós-graduação. Em 24 de outubro do mesmo ano foi realizado o primeiro exame geral de qualificação e, finalmente, em dezembro, foi defendida a primeira dissertação de mestrado em Energia Nuclear na Agricultura, por Ricardo Behrer Sgrillo. Pouco tempo depois, o novo mestre seria contratado pelo CENA e enviado ao exterior para complementar sua formação.

Apesar de a área de concentração "Energia Nuclear na Agricultura" estar sempre mais ligada ao CENA, ela integrava o curso de pós-graduação em Agronomia da ESALQ/USP. Essa situação mudou somente em janeiro de 1990, quando o Conselho de Pós-graduação da USP autorizou a instituição a assumir a responsabilidade pelo curso, considerando principalmente que a maioria dos professores e orientadores credenciados eram contratados pelo CENA. No mesmo ano, o Conselho Federal de Educação, através do parecer 771/90, autorizou alteração do seu nome para "Curso de pós-graduação em Ciências, área de concentração: Energia Nuclear na Agricultura".

A primeira dissertação de mestrado do CENA pelo novo regime foi defendida em abril de 1990. Na oportunidade, Eleonora Barbosa da Silva apresentou o tema:

Sessão solene da instalação do curso de pós-graduação em "Energia Nuclear na Agricultura", em 1972, ainda na ESALQ, vendo-se da direita para a esquerda: Admar Cervellini, Aristeu Mendes Peixoto, Salvador de Toledo Pizza, Ferdinando Galli, Wilson Moreira Bandeira de Mello e Epaminondas Sansígolo de Barros Ferraz.

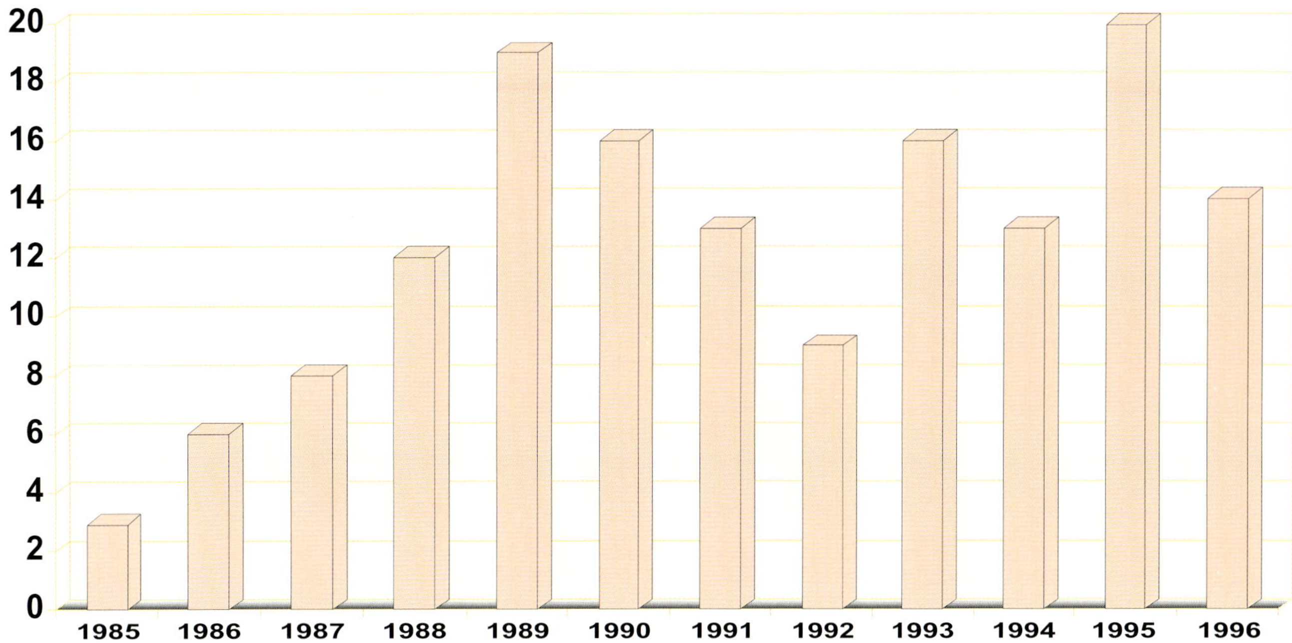

Produção de dissertações e teses apresentadas a partir de 1985, quando o CENA passou a ministrar seus próprios cursos de Mestrado e Doutorado.

"Aspectos da dispersão da mosca-do-mediterrâneo *Cerratitis capitata,* marcada com P-32 em citros". A banca examinadora era composta pelos professores Júlio Marcos Melges Walder, Walter Arthur (CENA-USP) e Carlos Roberto S. Silva (Universidade Federal de São Carlos).

Outra importante mudança ocorreu em fevereiro de 1991, quando a Câmara Curricular do Conselho de Pós-graduação da USP aprovou a total restruturação do curso em nível de mestrado e também a sua extensão para doutorado. O objetivo era oferecer aos alunos um conjunto de disciplinas obrigatórias, ministradas de forma intensiva e contendo as bases necessárias para o uso das técnicas nucleares em problemas ligados à agricultura e ao ambiente.

O elenco de disciplinas obrigatórias contempla os aspectos mais relevantes da Física Atômica e Nuclear, da Física e Biologia das Radiações, da Metodologia de Isótopos e da Dosimetria e Proteção Radiológica. Além disso, o aluno pode optar por outras disciplinas aplicadas a seu campo de atuação e, se necessário, cursar outras adicionais. A filosofia que norteou as mudanças no curso foi a de procurar aumentar a eficiência das aulas e deixar mais tempo livre para o aluno desenvolver seu projeto de pesquisa. Conseqüentemente, pode-se reduzir o tempo de duração do programa de mestrado.

O curso de doutorado passou a ser oferecido a partir do segundo semestre de 1991. A justificativa para sua extensão baseou-se no fato de que o CENA, então com 25 anos de existência, adquirira renome no país, liderando as pesquisas relativas à aplicação de técnicas nucleares em agricultura e ambiente. Também no exterior, o CENA desenvolvia inúmeros convênios e cooperações com outras universidades e instituições.

Além disso, o sucesso do mestrado e o aumento do número de pesquisadores contratados exigiram a extensão do curso em nível de doutorado.

Dessa forma, em março de 1994, foi apresentada por Marisa de Cássia Pícolo a defesa da primeira tese de doutorado, que versou sobre o tema "Comportamento do Nitrogênio do Solo em Cronosseqüências de Floresta-paisagem em Rondônia". A sessão foi presidida pelo Prof. Carlos Clemente Cerri, orientador do programa e diretor da instituição e contou com a presença de inúmeras autoridades acadêmicas.

Desde então, até o início de 1996, já se formaram 133 alunos nos cursos de pós-graduação do CENA. Atualmente, estão matriculados 25 alunos no programa de mestrado e 65 no de doutorado. Estima-se a defesa de 25 teses/dissertações por ano. A oferta de vagas é de 10 para mestrado (bianual) e doze (anual) para mestrado. Pequenas alterações no conteúdo do curso estão sendo realizadas para adequá-lo ao Plano Diretor de Pesquisa, recentemente aprovado por todos os pesquisadores da instituição.

Para proporcionar maior interação entre os alunos e docentes, a Comissão de Pós-graduação promoveu, em novembro de 1996, o Segundo Encontro Científico dos Pós-graduandos do CENA. Na oportunidade, realizaram-se palestras de profissionais ligados às grandes empresas ou outras universidades e foram apresentadas as pesquisas atualmente em andamento.

Em decorrência da qualidade do trabalho realizado no CENA, no que se refere aos seus cursos de pós-graduação, ele recebeu o conceito máximo "A" na mais recente avaliação efetuada pela CAPES (Coordenação de Aperfeiçoamento de Pessoal de Nível Superior), órgão do Ministério da Educação e Cultura (MEC), em julho de 1996. Esse conceito tem sido uma constante nos últimos anos, refletindo o amadurecimento do curso.

Nessa última avaliação da CAPES, 77 cursos de mestrado de um total de 1 036 existentes no país, e 14 de doutorado, de 510, receberam notas "D" ou "E". Isto significa que eles deixam de ser reconhecidos pelo MEC e devem se reestruturar para não serem fechados. A avaliação é feita por um grupo de especialistas de cada área, que visita cada departamento e recolhe dados quantitativos e qualitativos. No resultado obtido em 1996, caiu a porcentagem de cursos com nota "A" em relação ao ano anterior: para 39% no mestrado e 51% no doutorado.

Especialização e treinamento

Desde a década de 60, foram efetuados perto de 50 cursos nacionais e internacionais, que normalmente servem para estimular o intercâmbio cultural e difundir os conhecimentos científicos. Freqüentemente, os técnicos do CENA são solicitados a ministrar cursos dessa natureza no Brasil e no exterior. Tendo em vista atender à demanda sempre crescente, estão sendo ultimamente organizados diversos programas de especialização e aperfeiçoamento técnico, que deverão atender a cerca de 40 profissionais graduados por ano.

Um exemplo disso foi o curso sobre métodos moleculares e químicos para a análise das comunidades microbianas em solos, promovido em julho de 1996 pelo laboratório de Biologia Molecular do CENA. O curso contou com a participação de especialistas ingleses e norte-americanos e pretendia introduzir profissionais e estudantes em ciências agrárias, biológicas e afins nos conhecimentos básicos sobre o uso de técnicas que envolvem a química molecular e suas aplicações na ecologia microbiana de solos.

Outro evento de grande repercussão na área de aperfeiçoamento profissional foi o *workshop* internacional em métodos de preparação de amostras, promovido pelo laboratório de Química Analítica, realizado em março de 1996, que contou com a participação de professores de inúmeras universidades brasileiras e técnicos de empresas públicas e particulares. O *workshop* ficou a cargo de especialistas norte-americanos e austríacos, que contaram com uma oficina, montada especialmente para a ocasião, onde demonstraram na prática a preparação de amostras a pequenos grupos de alunos.

Desde a sua criação tem sido uma tradição do CENA oferecer estágios a alunos regularmente matriculados em outros cursos de graduação de diversas universidades brasileiras e também de nível médio. Até 1991, já haviam estagiado mais de mil estudantes e quase quarenta profissionais estrangeiros de nível superior. Naquele ano, encontravam-se em treinamento no CENA 95 estagiários, sendo 91 brasileiros e quatro estrangeiros. Esta prática tem facilitado a colaboração entre as instituições na realização de pesquisas.

Implantação da carreira docente

O dia 10 de abril de 1996 passou para a história do CENA como a data em que ele praticamente alcançou a maioridade, como unidade de ensino. Naquela ocasião, foram concursados os seus três primeiros professores titulares: Carlos Clemente Cerri, Elias Ayres Guidetti Zagatto e Reynaldo Victoria, que atingiam então o mais alto grau da carreira universitária.

A data marcava também o sucesso do Programa de Formação de Pessoal, idealizado nos primeiros tempos de existência e essencial para se atingir a excelência de qualidade no ensino e formação de pesquisadores. Seu objetivo era acompanhar a longo prazo o aluno recém-ingresso na universidade, dando-lhe condições para conseguir efetuar sua completa formação, até atingir a posição de pesquisador sênior. As várias etapas do programa foram implantadas no decorrer do tempo.

Com a aprovação do Regimento do CENA, em 1994, foi possível solicitar à Reitoria da USP a instituição dos cargos iniciais de doutor e finais de titular. Com relação aos concursos de livre-docência, dez disciplinas propostas foram aprovadas pelo Conselho Deliberativo do CENA e referendadas pela Congregação da ESALQ/USP em 1995. No ano seguinte, realizaram concurso e foram habilitados nesses concursos os professores Boaventura Freire dos Reis, Francisco José Krug, Maria Fernanda Georgina Giné Rosias e Julio Marcos Melges Walder.

Completava-se assim o quadro docente do CENA e consolidava-se finalmente o seu total enquadramento na Universidade de São Paulo, em igualdade com as demais unidades de ensino, uma vez que pode oferecer a seus pesquisadores a possibilidade de ali iniciar e completar sua carreira profissional.

Aula prática do I Workshop on methods of sample decomposition, em abril de 1996: demonstrando a decomposição de amostras em forno de microondas.

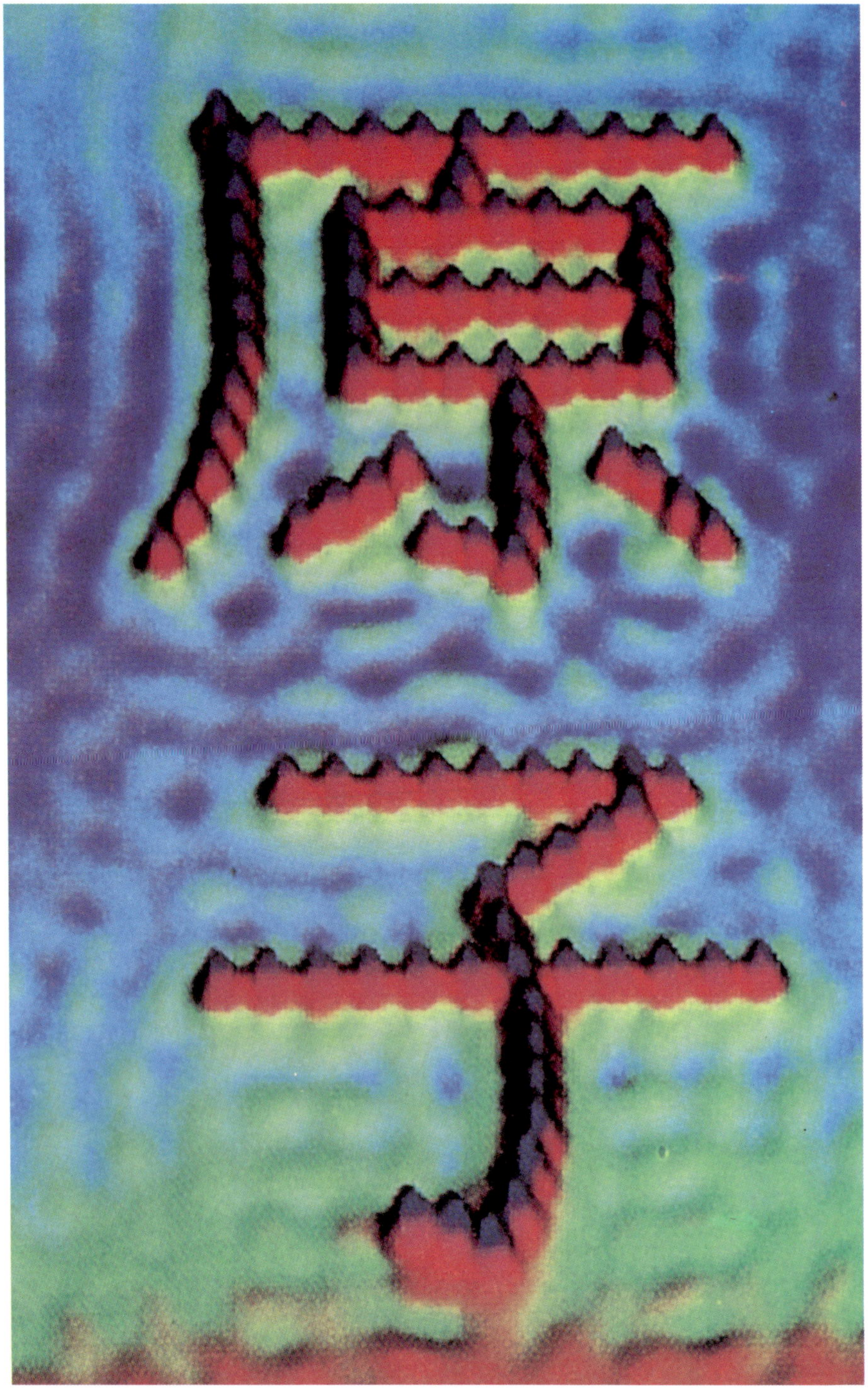

Ideograma chinês que significa átomo (caractere Kanji) na exposição virtual montada pela IBM e exposta pela Internet, cujos artistas foram cientistas que utilizaram microscópios eletrônicos e avançadas técnicas de computação gráfica para criar suas obras-primas.

X
Perspectivas para o Futuro: a Caminho do Século XXI

O desafio do CENA às vésperas do terceiro milênio é desenvolver projetos de pesquisa que auxiliem o progresso social e econômico da humanidade, principalmente no que se refere à produção agropecuária e à conservação ambiental.

No limiar do novo milênio, o mundo parece procurar cada vez mais os caminhos da paz e do desenvolvimento social, apesar dos focos de tensão isolados existentes em vários países. Estudos recentes apontaram para um desarmamento recorde, jamais visto desde o final da Segunda Guerra Mundial. Orçamentos, armas e contingentes militares foram reduzidos em mais de 20% em todo o planeta desde 1985 até hoje.

O grande desafio agora é melhorar a qualidade de vida dos povos, principalmente das nações em desenvolvimento. Calcula-se que 25% dos habitantes do planeta ainda vivem abaixo da linha da pobreza. A falta de esperança, além de ser um fértil campo para revoluções políticas, leva as pessoas a emigrarem para os países industrializados, provocando inevitáveis confrontos.

Para as classes menos favorecidas, uma vida melhor significa a satisfação das suas necessidades humanas básicas: alimentação, saúde, educação, habitação, água encanada, esgoto, incluindo acesso ao trabalho. E, para proporcioná-las, a energia é um importante elemento: ela pode ser um instrumento básico na erradicação da pobreza.

De forma geral, o crescimento da população mundial, o desejo universal de elevação do padrão de vida e o desenvolvimento econômico têm conduzido a um aumento na demanda global de energia. Nos países mais adiantados, ela está crescendo a uma taxa mais alta do que o consumo ou então do que o Produto Interno Bruto.

Os combustíveis convencionais, como os fósseis — carvão, petróleo e gás natural — embora ainda exploráveis, deverão ter seus custos elevados, na medida em que se tornam mais escassos e quando a indústria química considerar a sua utilização antieconômica. Além disso, eles ocasionam inevitáveis prejuízos ecológicos. Por isso, uma das maiores preocupações dos pesquisadores em vários pontos do mundo é tentar reduzir as emissões poluentes decorrentes da queima desses combustíveis fósseis. Paralelamente, buscam-se novas alternativas para atender à crescente demanda energética.

A opção por determinadas fontes de geração de energia elétrica em um país depende de muitos fatores, incluindo capacidade instalada das usinas, disponibilidade e custo do combustível, investimentos necessários e condições políticas vigentes. Muitos governos adotam uma fórmula que proporciona um *mix* balanceado de fontes de combustível para se precaver contra eventuais aumentos de preços e crises de abastecimento. Considera-se a diversidade como um benefício para estabilizar o suprimento e o custo da eletricidade. Nesse contexto, a energia nuclear permanecerá como uma opção viável na futura geração de eletricidade.

Para tornar a opção pela energia nuclear mais atraente e menos sujeita a críticas é preciso preencher alguns pré-requisitos. Eles incluem a segurança e a confiabilidade na operação das usinas existentes; a necessidade de soluções convincentes para a estocagem e o destino dos resíduos radioativos e um cuidadoso processo de licenciamento, que previna eventuais problemas. Esses requisitos, aliados a uma política governamental consistente, são necessários para conquistar a aceitação da opinião pública.

Harmonia com a natureza

Nesse contexto mundial insere-se o CENA como um dos poucos institutos no mundo a utilizar a energia nuclear como instrumento central da sua pesquisa avançada. Ao completar trinta anos de existência, ele se consolida definitivamente no cenário científico internacional pelo seu pioneirismo, seu alto grau de especialização e pessoal capacitado para esse tipo de trabalho.

De qualquer forma, três décadas é um período de vida muito curto para qualquer entidade dessa natureza, principalmente levando-se em conta o grande tempo necessário para maturação dos projetos de pesquisa, que exigem a cuidadosa e paciente realização de inúmeros experimentos, amplas e sistemáticas coletas de dados e detalhadas análises de resultados.

As técnicas nucleares foram e continuam sendo utilizadas nos diversos programas em andamento no CENA e são complementadas agora pela incorporação de moderna tecnologia, principalmente na área da biologia molecular e dos avançados sistemas de computação. Acoplados aos equipamentos existentes, eles aumentam a eficiência, a rapidez e a confiabilidade das pesquisas.

Além disso, a maior parte dessas técnicas nucleares não é destrutiva, permitindo análises dos sistemas sem danificá-los: "Elas fornecem respostas impossíveis de serem obtidas pelos métodos convencionais", diz o professor Klaus Reichardt, um dos pioneiros do CENA e até hoje seu colaborador. Para ele, a grande missão da instituição é direcionar seus trabalhos para a defesa de uma agricultura sustentável, isto é, procurando produzir cada vez maior quantidade de alimentos, sempre em harmonia com a natureza.

Capa do Plano Diretor de Pesquisa do CENA aprovado em 1996.

O professor Eurípedes Malavolta também compartilha dessa opinião. Segundo ele, o CENA não pode perder de vista a razão de sua existência: prestação de serviços ao agricultor. Por isso, deve continuar a gerar tecnologia que pode ser traduzida, em termos práticos, em duas coisas: semente melhorada ou prática agrícola. Estas devem ser as principais preocupações dos pesquisadores.

Grande desafio

O CENA vive hoje um momento importante em sua história. A grande tarefa que se coloca é implementar o seu Plano Diretor de Pesquisa, aprovado por todos e lançado oficialmente em setembro de 1996. Embasado na experiência do passado, voltou-se para o futuro ao reavaliar o seu presente, estabelecendo nesse importante documento as diretrizes fundamentais, que nortearão os trabalhos nos próximos vinte anos.

O Plano Diretor de Pesquisa foi resultado de um esforço altamente participativo dos membros da instituição e também de uma grande interação com cientistas de outras unidades de pesquisa. Recebeu também o total apoio de entidades públicas e privadas. "O CENA tem a obrigação institucional e social de se adequar à realidade conjuntural da virada do século, caracterizada por aceleradas mudanças e crescentes demandas tecnológicas", diz seu diretor, Carlos Clemente Cerri.

Para ele, a grande preocupação na composição do Plano foi não cercear a liberdade e criatividade dos pesquisadores, mas sim direcioná-las para áreas prioritárias e de maior interesse da comunidade. O documento final, de caráter dinâmico, deve passar por revisões periódicas para sua constante atualização.

A elaboração do Plano Diretor de Pesquisa só foi possível após um diagnóstico realista da situação do CENA, acompanhado de um amplo processo de conscientização das mudanças tecnológicas, sociais, econômicas e ambientais em curso, que impuseram uma reavaliação e a adaptação das atividades até então desenvolvidas, principalmente no que se refere à sua missão institucional, estratégias de ação e objetivos propostos.

Nesse esforço de autoconhecimento, o CENA conseguiu destacar seus pontos fortes e detectar seus principais problemas internos. De um lado, dispõe de um considerável estoque de tecnologia, acumulado no decorrer dos anos e de um corpo de pesquisadores que se caracteriza pela alta capacitação, criatividade e seriedade. De outro lado, precisa, segundo o diagnóstico interno elaborado, vencer a tendência ao trabalho individualista, pouco interativo, conseqüência talvez de sua estrutura administrativa excessivamente setorizada.

Os pontos fortes favorecem a elaboração de trabalhos de alta qualidade técnica, a facilidade para captação de recursos externos, o intercâmbio científico e a formação de pessoal qualificado. Os problemas detectados, por sua vez, prejudicam o controle, o acompanhamento e a avaliação das atividades realizadas e conduzem à duplicação de recursos humanos, materiais e financeiros, dificultando também a execução de projetos multidisciplinares.

Para corrigir essas distorções, o CENA dispõe agora do seu Plano Diretor de Pesquisa, que, por ter contado na sua elaboração com a ampla participação do seu corpo técnico, será um moderno e legítimo instrumento de avaliação e controle. Sua implementação lhe permitirá entrar no Terceiro Milênio, perseguindo a excelência de qualidade nos trabalhos realizados em prol do desenvolvimento da agropecuária brasileira e da proteção ambiental, visando sempre o bem-estar e a melhoria da qualidade de vida do homem.

1953 Publicação na Revista da Agricultura da ESALQ do trabalho "Noções sobre a alimentação de orquídeas" - talvez a primeira pesquisa utilizando radioisótopos na agricultura efetuada no Brasil.

1956 Começam na ESALQ os estudos utilizando radioisótopos nos laboratórios das cadeiras de Química, Física e Genética.

1958 Realiza-se na ESALQ o primeiro experimento em condições de campo sobre a absorção do superfosfato radioativo pelo cafeeiro, visando estudar a eficiência da adubação.

1961 Publicação na *Revista da Engenharia* do trabalho "Utilização de anéis radioativos na medida do desgaste em motores de explosão" premiado pelo Instituto de Engenharia de São Paulo.

Set/1961 Surge o CNENA (Centro Nacional de Energia Nuclear na Agricultura), como órgão referendado pela ESALQ.

Ago/1962 O CNENA é oficializado com assinatura do convênio CNEN/ESALQ/USP..

1963 Realização do Curso Latino-americano de Radioisótopos na Agricultura, sobre o patrocínio da CNEN e OEA (Organização dos Estados Americanos).

1964 O governo federal suspende todos os convênios assinados na área nuclear para reformulação, ocasionando a extinção do CNENA.

Set./1966 Assinatura do decreto 46 794 do Governo do Estado de São Paulo que cria oficialmente o CENA - Centro de Energia Nuclear na Agricultura.

1968 Inauguração do primeiro prédio do CENA, hoje laboratório de Isótopos Estáveis e da fonte de cobalto.

Jan/1968 Assinatura do convênio entre CNEN (Comissão Nacional de Energia Nuclear) e Universidade de São Paulo, que integrou o CENA no Plano Nacional de Energia Nuclear e possibilitou seu efetivo funcionamento.

1968 Inicia-se o Curso de Introdução à Energia Nuclear na Agricultura (CIENA), em nível de graduação.

Jul./1970 Inaugurado o segundo prédio do CENA que abrigava os Laboratórios de Química, Microcospia Eletrônica, etc.

1971 O presidente Emílio Médici visita o CENA.

Mar./1972 Inicia-se o Curso de Pós-Graduação do CENA, integrado ao Curso de Pós-graduação em Agronomia da ESALQ.

O CENA através do Tempo

Set/1972	Assinatura do convênio entre a CNEN e AIEA que previa a liberação de recursos financeiros para as pesquisas no CENA.
1973	O presidente Ernesto Geisel visita o CENA.
1977	O CENA é incorporado à Universidade de São Paulo (Resolução 1129).
1980	Aprovado o Regimento Interno do CENA.
Dez/1980	Aposenta-se Admar Cervellini e Eneas Salati assume a diretoria do CENA.
1988	O CENA passa à categoria de Instituto Especializado, por ocasião da Reforma Universitária.
1990	O CENA passa a administrar seus cursos de mestrado e doutorado com o nome de Curso de Pós-graduação em Ciência, área de concentração: Energia Nuclear na Agricultura.
1991	O engenheiro agrônomo Carlos Clemente Cerri assume a diretoria do CENA.
Fev/1991	Aprovada a reformulação do Curso de Pós-graduação do CENA.
1992	Aprovado o Regimento Interno do CENA pela Reitoria da USP.
1993	Inaugurado o prédio da Química Analítica.
1994	Defesa da primeira de tese de doutorado do CENA pelo novo regime.
1994	Início do Projeto PIRACENA.
1995	Realização do primeiro concurso de livre-docência.
1995	A área física do CENA é aumentada com a incorporação de mais 1 700 m^2.
1996	Adquirido o irradiador gama semicomercial.
1996	Aprovado oficialmente o Plano Diretor de Pesquisa.
Abr/1996	Concurso dos primeiros professores titulares do CENA.
Set/1996	O CENA comemora seus trinta anos.

Entidades Nacionais Conveniadas

Instituição	Siglas	Local
Empresa Brasileira de Pesquisa Agropecuária	EMBRAPA	Brasília, DF
Universidade Estadual de Campinas	UNICAMP	Campinas, SP
Comissão Nacional de Energia Nuclear	CNEN/IPEN	Rio de Janeiro, RJ
Universidade Federal de São Carlos	UFSCar	São Carlos, SP
ESSO Brasileira de Petróleo Ltda.	ESSORio	de Janeiro, RJ
Conselho Nacional de Desenvolvimento Científico e Técnológico	CNPq	Brasília, DF
Fundação de Amparo à Pesquisa do Estado de São Paulo	FAPESP	São Paulo, SP
Financiadora de Estudos e Projetos	FINEP	Rio de Janeiro, RJ
Universidade Federal do Rio de Janeiro	UFRJ	Rio de Janeiro, RJ
Petróleo Brasileiro S/A	PETROBRÁS	Rio de Janeiro, RJ
BASF Brasileira S/A	BASF	S. B. do Campo, SP
Cooperativa dos Produtos de Açúcar e Álcool	COPERSUCAR	Piracicaba, SP
Universidade Metodista de Piracicaba	UNIMEP	Piracicaba, SP
Escola de Engenharia de Piracicaba	FEEP	Piracicaba, SP
Instituto de Pesquisas Florestaisl	PEF	Piracicaba, SP
Universidade Estadual Paulista Júlio Mesquita	FºUNESP	Botucatu, SP
Fundo Paulista de Defesa da Citricultura	Fundecitrus	Araraquara, SP
Instituto de Pesquisa da Amazônia	INPA	Manaus, AM

Entidades Internacionais Conveniadas

Instituição	País
Marine Biological Laboratory - NASA	USA
Nacional Science Foundation - NSF	USA
University of California	USA
Michigan State University	USA
University of Minnesota	USA
CIRAD/FHLOR	França
Institute of Hydrology	U.K.
University of Washington	USA
ORSTOM	França
University of Guelph	Canadá
International Atomic Energy Agency - IAEA	Áustria
KFA	Alemanha
SAREC	Suécia
Universidad Del Sur	Argentina
Centro Argentino-Brasileiro de Biotecnologia	Argentina
Universidade de Göttingen	Alemanha
Zhejiang of Province	China
Universitat Autonoma de Barcelona (ALFA)	Espanha
Universidade do Porto	Portugal
University of Reading	Inglaterra
Florida State University	USA
Universidade de Gent	Bélgica
ICTP - Nações Unidas	Itália

Presença do CENA no Mundo

Referências Bibliográficas

A Energia nuclear na agricultura. *Agricultura Hoje*, p.12-20, out. 1979. (Mesa Redonda).

Barbalho, A.; Barbalho, M. H. *Energia e desenvolvimento no Brasil*. Brasília: Ministério das Minas e Energia, Eletrobrás, 1987.

Biasi, R. *A energia nuclear no Brasil*. Rio de Janeiro: Biblioteca do Exército, 1979. 192p. (Coleção General Benício, 169; Publicação 490).

Centro de Energia Nuclear na Agricultura. *Plano Diretor de Pesquisa*. Piracicaba: CENA-USP, 1996. 66 p.

Centro de Energia Nuclear na Agricultura. *Relatório de Atividades - 1967 a 1977*. Piracicaba: CENA-USP.

Comissão Nacional de Energia Nuclear. *Programa de informação da CNEN*. Rio de Janeiro: CNEN, s.d. 30p.

Conant, M.A.; Gold, F.R. *A geopolítica energética*. Rio de Janeiro: Biblioteca do Exército, 1981. (Coleção General Benício, 188; Publicação 508).

Cook, E. *Man, energy, society*. San Francisco: W.H. Freeman, 1976.

Goldemberg, J., coord. *Energia no Brasil*. São Paulo: ACIESP, 1976. 158p.

Grupo Consultivo Internacional sobre Irradiação de Alimentos. *Irradiação de alimentos: ficção e realidade*. Roma: FAO/IAEA/OMS, 1990. 35p.

Hammond, A.L. *World resources - 1990-91: a guide to the global environment*. New York: Oxford University Press, 1990. 383p.

Instituto de Pesquisas Energéticas Nucleares. *Marcello Damy*. São Paulo: IPEN, 1994. 78p. (Série Depoimentos sobre Energia Nuclear, 1).

Lann, C. G. *The history of the joint* FAO/IAEA. Division of nuclear techniques in food and agriculture and its, allied laboratory (1964-1994). Vienna: IAEA, 1994. 186p.

Leão, M.L. Energia nuclear, energia elétrica e política energética, *Revista Energia*, v.3, n.17, 1981.

Loureiro, M.D. *Energia nuclear*. Rio de Janeiro: Bloch, 1980. (Biblioteca Educação e Cultura, 6).

Martins, J.B. *A história da energia nuclear*. Rio de Janeiro: Comissão Nacional de Energia Nuclear, s.d. 24p.

Menezes, L.C., *De Angra a Aramar*. Os militares a caminho da bomba. Rio de Janeiro: CEDI, 1988. 138p.

Oliveira, A. Energia e sociedade, *Ciência Hoje*, v.5, n.29, p.30-38, mar. 1987.

Organismo Internacional de Energia Atómica. *La no proliferación de las armas nucleares*. Resumen historico. Vienna: OIEA, 1976.

RODRIGUEZ, F.A. *Usos pacíficos de la energía atomica.* Oak Ridge: Instituto de Estudios Nucleares, 1967. cap.10, p.147-180.

ROSA, L.P. Panorama e perspectivas da energia nuclear. *In: Simpósio nacional de energia elétrica*, Rio de Janeiro, 1978. Rio de Janeiro: Sociedade Brasileira de Física, 1978. v. 1.

SALATI, E. Desvendando as águas do sertão. *Cadernos de Tecnologia e Ciência,* v.4, n.10, p.43-44, 1981.

SÃO PAULO(Estado). Gabinete do Governador. *São Paulo - 110 anos de Industrialização (1880-1990)*. São Paulo: Três, 1992. 240p.

SIMON, D.N.; CARVALHO, J.; GOLDEMBERG, J. *Energia nuclear em questão.* Rio de Janeiro: Instituto Euvaldo Lodi, 1981.

STOUT, B.A. *Energía para agricultura mundial.* Roma: FAO, 1980.

UGARTECHE, C.; BERTRAN, S. *Historia y principios de la bomba atomica.* Buenos Aires: Editorial Nova, 1945.

UNITED STATES ATOMIC ENERGY COMMISSION. *The first reactor.* Oak Ridge:USAEC/Division of Technical Information, s/d.

UNIVERSIDADE DE SÃO PAULO. *ESALQ - 75 Anos a Serviço da Pátria.* Piracicaba: ESALQ/USP, 1976.

WENDT, G. *Horizontes do poder atômico.* Rio de Janeiro: Zahar, 1959. 336p.

Coleções de obras consultadas

DIÁRIO DE SÃO PAULO (São Paulo, SP).

ENCICLOPÉDIA. FOLHA DE SÃO PAULO.

FOLHA DE SÃO PAULO (São Paulo, SP).

IAEA BULLETIN. Quartely Journal of the International Atomic Energy Agency (Vienna, Áustria).

JORNAL DA TARDE (São Paulo, SP).

JORNAL DE PIRACICABA (Piracicaba, SP).

JORNAL DO BRASIL (Rio de Janeiro, RJ).

O DIÁRIO (Piracicaba, SP).

O ESTADO DE S. PAULO (São Paulo, SP).

O GLOBO (Rio de Janeiro, RJ).

REVISTA BRASIL NUCLEAR. Associação Brasileira de Energia Nuclear (ABEN). Rio de Janeiro.

CIÊNCIA HOJE. Revista da Sociedade Brasileira para o Progresso da Ciência (São Paulo, SP).

REVISTA O CRUZEIRO (São Paulo, SP).

REVISTA MANCHETE (Rio de Janeiro, RJ).

REVISTA VEJA (São Paulo, SP).

Agradecimentos

Por auxiliarem na realização deste trabalho.

Adarlete Aparecida Santiago Diehl
Admar Cervellini
Amélia Império Hamburger
Antonio Augusto Fessel Filho
Benedito Herculano Davanzo
Brigitte Josefine Feigl
Carlos Clemente Cerri
Celso Aguiar
Danilo Sancinetti
Delphim Ferreira da Rocha Netto
Edvaldo Roberto Paiva da Fonseca
Elias Ayres Guidetti Zagatto
Elsie Helena Matthes
Geraldo Francisco C. Lavorente
Gilberto Ribeiro Furlan
Joacyr Cury
João Geraldo Brancalion
José Flávio Machado Leão
Leopoldo Stenico
Luís Lourenço Visentin
Maria Aparecida Mendes de Oliveira
Maria de Fátima Scarpitti
Marília Ribeiro Garcia Henyei
Moysés Simão Neto
Renata Pousa Maziero
Sonia Maria C. de J. Storer
Vera Lucia Ávila
Vera Prado
Valéria Pastura
Walkiria Fucilli Chassot

Por concederem entrevistas que possibilitaram a elaboração deste livro.

Adibe Luiz Abdalla
Admar Cervellini
Akihiko Ando
Antonio Enedi Boaretto
Augusto Tulmann Neto
Beatriz Madalena Januzzi Mendes
Boaventura Freire dos Reis
Brigitte Josefine Feigl
Carlos Clemente Cerri
Diva Athiê
Dorinha Miriam S. Schmidt Vitti
Elisabete Aparecida de Nadai Fernandes

Epaminondas Sansígolo de Barros Ferraz
Eric Derbyshire
Eurípedes Malavolta
Francisco José Krug
Frederico Wiendl
Helder de Oliveira
Henrique Bergamin Filho
Janeti Lourdes Bombini de Moura
Jefferson Mortatti
José Albertino Bendassolli
Júlio Marcos Melges Walder
Klaus Reichardt
Leopoldo Stenico
Luiz Antonio Martinelli
Luiz Carlos Ruiz Pessenda
Maria Teresa V. de C. Derbyshire
Marcello Damy de Souza Santos
Marília Ribeiro Garcia Henyei
Osny Oliveira Santos Bacchi
Otto Jesu Crocomo
Paulo Cesar O. Trivelin
Rachel Elizabeth Domarco
Reynaldo Luiz Victoria
Siu Mui Tsai
Takashi Muraoka
Valdemar Luiz Tornisielo
Virgílio Franco do Nascimento Filho

Crédito das Ilustrações

Introdução:
Origem e evolução da energia nuclear

p. 12 1. Foto: Argonne National Laboratory.

p. 15 2. Foto: Arquivo CENA.

p. 16 3. Fonte: Revista *Ciência Hoje*. Extraído do livro *Les structures du quotidien: le possible et l'impossible,* de Fernand Braudel, Paris: Armand Colin, 1979.

p. 17 4. Fonte: *La force motrice et l'eau à la campagne*, René Champly. s.n.t. (Biblioteca da ESALQ).

p. 19 5. Fonte: *Cours d'Exploitation des mines*, Amédée Burat, 2.ed. Paris: Librairie Polytecnique de J. Baudry, 1877 (Biblioteca ESALQ).

p. 20 6. Fonte: *La force motrice et l'eau à la campagne*, René Champly. s.n.t. (Biblioteca da ESALQ)

p. 22 7. Fonte: Mobil Oil Corporation.

p. 25 8. Fonte: Arquivo pessoal Marcello D. S. Santos

p. 26 9. Fonte: Arquivo pessoal Marcello D. S. Santos.

p. 27 10. Fonte: AIEA, Bibliotèque Nationale Autrichienne.

p. 29 11. Fonte: Arquivo pessoal Marcello D. S. Santos

p. 29 12. Fonte: Johan Hagemeyer

p. 29 13. Fonte: Argonne National Laboratory.

p.30 14. Fonte: Addison Wesley Publishing Company.

p. 31 15. Fonte: Argonne National Laboratory.

Capítulo 1:
O átomo a serviço da paz

p. 32 16. Foto: ONU/AIEA , 1995.

p. 35 17. Foto: Fernando Quevedo (*O Globo*), 1996.

p. 36 18. Fonte: AIEA, abril, 1959.

p. 37 19. Fonte: AIEA, maio, 1989.

p. 38 20. Fonte: AIEA.

p. 42 21. Fonte: AIEA, 1995.

p. 43 22. Foto: George Love (Secretaria de Esportes e Turismo do Estado de São Paulo), 1978.

Capítulo 2:
A energia nuclear no Brasil

p. 46 22. Foto: IPEN , 1996.

p. 48 23. Fonte: Instituto de Física (USP), SP.

p. 50 24. Foto: Admar Cervellini.

p. 52 25. Foto: IPEN, 1965.

p. 54 26. Fonte: Agência Estado.

p. 55 27. Fonte: Arquivo pessoal Marcello D. S. Santos.

p. 55 28. Fonte: Arquivo pessoal Marcello D. S. Santos.

p. 56 29. Fonte: Arquivo pessoal Marcello D. S. Santos.

p. 57 30. Foto: CNEN, 1996.

p. 60 31. Foto: Igor Pessoa (Arquivo Furnas).

p. 62 32. Foto: Marco Antonio Cavalcanti *(O Globo)* , 1996.

Capítulo 3:
A concretização de uma idéia

p. 64 33. Reprodução: Henrique Spavieri.

p. 66 34. Foto: Cristiano Diehl Neto *(Jornal de Piracicaba)*.

p. 67 35. Fonte: Arquivo pessoal Eurípedes Malavolta.

p. 68 36. Fonte: Arquivo ESALQ.

p. 69 37. Fonte: Arquivo pessoal Eurípedes Malavolta.

p. 71 38. Fonte: Arquivo ESALQ.
p. 72 39. Fonte: Arquivo ESALQ.
p. 73 40. Fonte: Arquivo pessoal Marcello D. S. Santos.
p. 74 41. Fonte: Arquivo CENA.
p. 75 42. Fonte: Arquivo ESALQ.
p. 76 43.Fonte: Arquivo CENA.
p. 77 44. Fonte: Biblioteca do CENA.
p. 79 45. Fonte: Arquivo CENA.
p. 80/81 46 a 49. Fonte: Livro *Banespa 60 anos,* São Paulo, Projeto/PW, 1986; Arquivo Rocha Neto/*Gazeta Esportiva.*

Capítulo 4:
Pesquisas pioneiras

p. 82 50. Foto: AIEA
p. 84 51. Foto: Arquivo CENA.
p. 86 52. Foto: Arquivo CENA.
p. 87 53. Foto: Admar Cervellini.
p. 88 54. Foto: Idalio Filletti.
p. 89 55. Fonte: Arquivo CENA.
p. 90 56. Fonte: Arquivo CENA.
p. 90 57. Fonte: Arquivo CENA.
p. 92 58. Foto: Gordon W. Gahan (*National Geographic)*, 1972.
p. 94 59. Fonte: Arquivo particular Diva Athiê.
p. 95 60. Fonte: Arquivo CENA.

Capítulo 5:
Consolidação e crescimento

p. 96 61. Foto: Arquivo CENA.
p. 98 62. Foto: Arquivo CENA.
p. 99 63. Foto: Henrique Spavieri *(Jornal de Piracicaba).*
p. 101 64. Foto: Christiano Diehl Neto.
p. 103 65. Fonte: APDA/Biblioteca CENA.
p. 105 66. Fonte: APDA (CENA).
p. 106 67. Fonte: Plano Diretor de Pesquisa'96.
p. 109 68. Foto: Henrique Spavieri.
p. 110 69. Foto: Luís Lourenço Visentin.
p. 110 70. Foto: Luís Lourenço Visentin.

Capítulo 6:
Trabalhando contra a fome

p. 112 71. Fonte: Revista *Veja.*
p. 114 72. Foto: Arquivo CENA.
p. 116 73. Foto: Arquivo CENA.
p. 118/9 74 a 78. Fotos: Luís Lourenço Visentin.
p. 120 79. Foto: Paul Cassieri Neto.
p. 123 80. Foto: José Elias Gomes.
p. 127 81. Reprodução: Henrique Spavieri.
p. 128 82. Foto: Osny S. Bacchi.
p. 131 83. Foto: Arquivo CENA.
p. 135 84. Foto: Arquivo CENA.
p. 135 85. Foto: Arquivo CENA.
p. 137 86. Foto: Arquivo CENA.
p. 137 87. Foto: Arquivo CENA.

Capítulo 7:
Em defesa do ambiente

p. 138 88. Foto: M. Victoria Ramos Ballester.
p. 141 89. Foto: Arquivo CENA.
p. 142 90. Fonte: *Soil Science Society of America Journal*, 1995.
p. 143 91. Foto: Arquivo CENA.
p. 145 92. Foto: João Ramid (Revista *Veja*).
p. 147 93. Fonte: Projeto PiraCena - imagem adquirida do INPE (Instituto Nacional de Pesquisas Espaciais).
p. 149 94. Foto: Arquivo CENA.
p. 151 95. Foto: Arquivo CENA .

Capítulo 8:
A conquista de novas técnicas

p. 152 96. Foto: Antonio Lourenço Visentin.
p. 154 97. Foto: Arquivo CENA.
p. 155 98. Foto: Arquivo CENA.
p. 157 99. Foto: Paulo Arumaá (USIMINAS).
p. 159 100. Foto: Arquivo CENA.
p. 161 101. Foto: Arquivo CENA.
p. 163 102. Foto: George Love (Secretaria de Esportes e Turismo do Estado de São Paulo), 1978.
p. 167 103. Foto: Arquivo CENA.

Capítulo 9:
Compromisso com o ensino

p. 168 104. Foto: Arquivo ESALQ.
p. 170 105. Foto: Arquivo ESALQ.
p. 171 106. Foto: Arquivo CENA.
p. 172 107. Foto: Arquivo CENA.
p. 173 108. Fonte: Pós-graduação/APDA (CENA).
p. 175 109. Foto: Arquivo CENA.

Capítulo 10:
Perspectivas para o futuro:
a caminho do século XXI

p. 176 110. Fonte: STM IMAGE GALLERY/IBM.
p. 178 111. Foto: Henrique Spavieri.

p. 180/1 Aquarelas: Klaus Reichardt.

Vinhetas, gráficos e o Mapa Mundi: Benjamim Emerick de Oliveira e Maria Cristina Bugan.

Título	*30 anos em Cena*
Produção	Maria Cristina Bugan
Projeto Gráfico	Scriptorium produções editoriais
Capa	Maria Cristina Bugan
Ilustração da Capa	Klaus Reichardt
Editoração Eletrônica	Scriptorium produções editoriais
Revisão do Original	Geraldo Gerson de Souza
Formato	23.5 x 25.5 cm
Mancha	17.5 x 18.5 cm
Tipologia	Aldine
Papel de Miolo	Couchê Fosco 120 g
Papel de Capa	CouchêFosco 180 g plastificado
Número de Páginas	196
Tiragem	1500
Fotolito	QuadriColor
Impressão	Imesp